高职高专公共基础课系列教材

计算机应用基础习题集

主 编 周 延 吴 昂

西安电子科技大学出版社

内 容 简 介

本书是《计算机应用基础》(周延、吴昂主编，西安电子科技大学出版社出版)配套的上机指导和习题集,帮助学生在实践中对知识进行理解和应用。本书内容包括计算机基础知识习题、文字处理软件 Word 习题、电子表格处理软件 Excel 习题、演示文稿软件 PowerPoint 习题、计算机操作系统与网络习题、多媒体技术习题、计算前沿技术习题。全书习题丰富,题型合理,还配有上机指导等内容,对学生实践操作能力的提升具有积极作用。

本书可作为非计算机专业学生相关课程的教材,也可作为计算机应用培训的参考用书。

图书在版编目(CIP)数据

计算机应用基础习题集 / 周延,吴昂主编. —西安:西安电子科技大学出版社,2022.9
(2023.1 重印)
ISBN 978–7–5606–6659–4

Ⅰ.①计…　Ⅱ.①周…　②吴…　Ⅲ.①电子计算机—习题集　Ⅳ.① TP3-44

中国版本图书馆 CIP 数据核字(2022)第 164054 号

策　　划　毛红兵
责任编辑　李鹏飞
出版发行　西安电子科技大学出版社(西安市太白南路 2 号)
电　　话　(029) 88202421　88201467　　　邮　编　710071
网　　址　www.xduph.com　　　　　　　电子邮箱　xdupfxb001@163.com
经　　销　新华书店
印刷单位　咸阳华盛印务有限责任公司
版　　次　2022 年 9 月第 1 版　　2023 年 1 月第 2 次印刷
开　　本　787 毫米×1092 毫米　1/16　印张 8
字　　数　135 千字
印　　数　3001～5000 册
定　　价　23.00 元
ISBN　978–7–5606–6659–4 / TP
XDUP 6961001–2
***如有印装问题可调换

前　言

本书是《计算机应用基础》(周延、吴昂主编，西安电子科技大学出版社出版)配套的习题和上机实验指导，能够使学生更好地掌握计算机基础知识和基础技能。

本书按照高等院校人才培养目标对计算机基本技能的要求，根据最新的计算机等级考试要求，以及当前计算机发展的最新成果编写。本书内容安排与《计算机应用基础》一书一致，包含计算机基础知识习题、文字处理软件 Word 习题、电子表格处理软件 Excel 习题、演示文稿软件 PowerPoint 习题、计算机操作系统与网络习题、多媒体技术习题、计算前沿技术习题。本书的编写从实用和训练角度出发，针对计算机相关知识和操作技能进行专题专项训练。

本书在编写过程中参考了大量的文献资料，在此对这些文献的作者表示衷心的感谢。由于水平有限，书中错误、疏漏之处在所难免，欢迎广大读者专家批评指正。

编　者

2022 年 6 月

前　言

目　　录

项目 1　计算机基础知识习题

一、单选题

1. 一个完整的微型计算机系统应包括_____。

　　A. 计算机及外部设备　　　　B. 主机箱、键盘、显示器和打印机

　　C. 硬件系统和软件系统　　　D. 系统软件和系统硬件

2. 十六进制数 1000H 转换成十进制数是_____。

　　A. 4096　　　　　　　　　　B. 1024

　　C. 2048　　　　　　　　　　D. 8192

3. 个人计算机的中央处理器一般称为_____。

　　A. PC　　　　　　　　　　　B. CPU

　　C. RAM　　　　　　　　　　D. Word

4. 计算机的中央处理器只能直接调用_____中的信息。

　　A. 内存　　　　　　　　　　B. 硬盘

　　C. 光盘　　　　　　　　　　D. 软盘

5. 日常说的 PC 是指_____。

　　A. 计算机　　　　　　　　　B. 个人计算机

　　C. 单片计算机　　　　　　　D. 小型计算机

6. DRAM 存储器的中文含义是_____。

　　A. 静态随机存储器　　　　　B. 动态随机存储器

　　C. 静态只读存储器　　　　　D. 动态只读存储器

7. 在微机中，bit 的中文含义是_____。

　　A. 二进制位　　　　　　　　B. 字

　　C. 字节　　　　　　　　　　D. 双字

8. 汉字国标码(GB2312—80)规定的汉字编码，每个汉字用_____。

A. 一个字节表示　　　　　　B. 二个字节表示

C. 三个字节表示　　　　　　D. 四个字节表示

9. 使用高级语言编写的程序称之为_____。

A. 源程序　　　　　　　　　B. 编辑程序

C. 编译程序　　　　　　　　D. 连接程序

10. 微机病毒是指_____。

A. 生物病毒感染　　　　　　B. 细菌感染

C. 被损坏的程序　　　　　　D. 特制的具有损坏性的小程序

11. 微型计算机的运算器、控制器及内存储器的总称是_____。

A. CPU　　　　　　　　　　B. ALU

C. 主机　　　　　　　　　　D. MPU

12. 在微机中，外存储器通常使用软盘作为存储介质，软磁盘中存储的信息，在断电后_____。

A. 不会丢失　　　　　　　　B. 完全丢失

C. 少量丢失　　　　　　　　D. 大部分丢失

13. 某单位的财务管理软件属于_____。

A. 工具软件　　　　　　　　B. 系统软件

C. 编辑软件　　　　　　　　D. 应用软件

14. 计算机网络的应用越来越普遍，它的最大好处在于_____。

A. 节省人力　　　　　　　　B. 存储容量大

C. 可实现资源共享　　　　　D. 使信息存储速度提高

15. 个人计算机属于_____。

A. 巨型机　　　　　　　　　B. 中型机

C. 小型机　　　　　　　　　D. 微机

16. 微机唯一能够直接识别和处理的语言是_____。

A. 汇编语言　　　　　　　　B. 高级语言

C. 甚高级语言　　　　　　　D. 机器语言

17. 断电会使储存信息丢失的存储器是_____。

A. RAM　　　　　　　　　　B. 硬盘

C. ROM　　　　　　　　　　D. 软盘

18. 硬盘连同驱动器是一种_____。

    A. 内存储器　　　　　　　　　B. 外存储器

    C. 只读存储器　　　　　　　　D. 半导体存储器

19. 在下列存储器中，访问速度最快的是_____。

    A. 硬盘存储器　　　　　　　　B. 软盘存储器

    C. RAM(内存储器)　　　　　　D. 磁带存储器

20. 计算机软件系统应包括_____。

    A. 编辑软件和连接程序　　　　B. 数据软件和管理软件

    C. 程序和数据　　　　　　　　D. 系统软件和应用软件

21. 半导体只读存储器(ROM)与半导体随机存储器(RAM)的主要区别在于_____。

    A. ROM 可以永久保存信息，RAM 在断电后信息会丢失

    B. ROM 断电后信息会丢失，RAM 则不会

    C. ROM 是内存储器，RAM 是外存储器

    D. RAM 是内存储器，ROM 是外存储器

22. 下面列出的计算机病毒传播途径，不正确的说法是_____。

    A. 使用来路不明的软件　　　　B. 通过借用他人的软盘

    C. 通过非法的软件拷贝　　　　D. 通过把多张软盘叠放在一起

23. 计算机存储器是一种_____。

    A. 运算部件　　　　　　　　　B. 输入部件

    C. 输出部件　　　　　　　　　D. 记忆部件

24. 微机中的"DOS"，从软件归类来看，应属于_____。

    A. 应用软件　　　　　　　　　B. 工具软件

    C. 系统软件　　　　　　　　　D. 编辑系统

25. 反映计算机存储容量的基本单位是_____。

    A. 二进制位　　　　　　　　　B. 字节

    C. 字　　　　　　　　　　　　D. 双字

26. 在计算机网络中，LAN 指的是_____。

    A. 局域网　　　　　　　　　　B. 广域网

    C. 城域网　　　　　　　　　　D. 以太网

27. 十进制数 15 对应的二进制数是_____。

　　A. 1111　　　　　　　　　　B. 1110

　　C. 1010　　　　　　　　　　D. 1100

28. 当前，在计算机应用方面已进入以_____为特征的时代。

　　A. 并行处理技术　　　　　　B. 分布式系统

　　C. 微型计算机　　　　　　　D. 计算机网络

29. 微型计算机的发展是以_____的发展为特征的。

　　A. 主机　　　　　　　　　　B. 软件

　　C. 微处理器　　　　　　　　D. 控制器

30. 在微机中，存储容量为 1MB，指的是_____。

　　A. 1024 × 1024 个字　　　　B. 1024 × 1024 个字节

　　C. 1000 × 1000 个字　　　　D. 1000 × 1000 个字节

31. 二进制数 110101 转换为八进制数是_____。

　　A. (71)8　　　　　　　　　　B. (65)8

　　C. (56)8　　　　　　　　　　D. (51)8

32. 操作系统是_____。

　　A. 软件与硬件的接口　　　　B. 主机与外设的接口

　　C. 计算机与用户的接口　　　D. 高级语言与机器语言的接口

33. 世界上第一台电子数字式计算机于 1946 年 2 月 15 日在美国宾夕法尼亚大学研制成功，它的名称叫_____。

　　A. ENIAC　　　　　　　　　B. MAC

　　C. Windows　　　　　　　　D. DOS

34. 第一代计算机是_____。

　　A. 电子管数字机　　　　　　B. 晶体管数字机

　　C. 集成电路数字机　　　　　D. 大规模集成电路机

35. 第四代计算机是_____。

　　A. 电子管数字机　　　　　　B. 晶体管数字机

　　C. 集成电路数字机　　　　　D. 大规模集成电路机

36. 一个字节由_____个二进制位组成。

　　A. 10　　　　　　　　　　　B. 4

　C. 8　　　　　　　　　　　　D. 16

37. 下列转换关系正确的是_____。

　　A. 1 KB = 1024 B　　　　　　B. 1 KB = 1000 B

　　C. 1 KB = 100 B　　　　　　D. 1 KB = 10 B

38. _____是一台计算机的运算核心和控制核心。

　　A. CPU　　　　　　　　　　B. 主板

　　C. 电源　　　　　　　　　　D. 内存

39. 与 CPU 直接进行交换数据的是_____。

　　A. 硬盘　　　　　　　　　　B. 内存

　　C. ROM　　　　　　　　　　D. 主板

40. 两个二进制位可以表示_____种状态。

　　A. 2　　　　　　　　　　　　B. 4

　　C. 3　　　　　　　　　　　　D. 8

二、多选题

1. 在使用、维护计算机时，应当注意_____。

　　A. 在硬盘灯亮的时候不要切断电源

　　B. 不要让硬盘受到强烈的冲击、碰撞

　　C. 定期用酒精清洗

　　D. 如果染上病毒，应及时采用高温消毒

2. _____是个人计算机输入设备。

　　A. 显示器　　　　　　　　　　B. 打印机

　　C. 扫描仪　　　　　　　　　　D. 麦克风

3. 关于计算机病毒的传染途径，下列说法正确的是_____。

　　A. 通过软盘复制　　　　　　B. 通过聊天软件

　　C. 通过共同存放软盘　　　　D. 通过借用他人软盘

4. 某台计算机有病毒活动，指的是_____。

　　A. 该计算机的硬盘系统中有病毒

　　B. 该计算机的内存中有病毒程序在运行

　　C. 该计算机的软盘驱动器中插有被病毒感染的软盘

D. 该计算机正在执行某项任务，病毒已经进入内存

5. 下列说法中，属于计算机病毒的基本特点的有_____。

    A. 计算机病毒一般是短小精悍的程序，具有较强的隐蔽性

    B. 病毒程序都能够自我复制，并主动把自己或变种传染给其他程序

    C. 病毒程序是在一定的外界条件下被激发后开始活动，干扰系统正常运行

    D. 良性计算机病毒对计算机系统没有危害

6. 下面关于计算机特点的描述正确的是_____。

    A. 运算速度快   B. 计算精确度高

    C. 逻辑运算能力强   D. 存储容量大

7. 下列属于计算机主要性能指标的是_____。

    A. 运算能力   B. 字长

    C. 存储容量   D. 价格   E. 重量

8. 计算机可用于_____领域。

    A. 信息管理   B. 过程控制

    C. CAD 制图   D. 远程教育   E. 数学仿真

9. 下列关于计算机发展趋势的描述正确的是_____。

    A. 为了适应尖端科学技术的需要，发展高速度、大存储容量和功能强大的超级计算机

    B. 未来计算机仍会不断趋于微型化，体积将越来越小

    C. 进一步向网络化方向发展

    D. 具备逻辑思维能力，向智能化方向发展

    E. 多种技术相结合，在某些专用领域向集成化、巨型化方向发展

10. 下列属于计算机硬件系统的是_____。

    A. 硬盘   B. 光驱

    C. 主板   D. CPU   E. 显示器

11. 下列属于计算机软件系统的是_____。

    A. 写字板   B. 驱动程序

    C. 操作系统   D. 画图软件   E. 显示器

12. 计算机中数据的常用单位有_____。

    A. 位   B. 字节

C. 字　　　　　　　　　　D. 米

13. 下列描述正确的是＿＿＿＿＿＿＿＿。

　　A. 计算机按照字长进行分类，可以分为 8 位机、16 位机、32 位机和 64 位机等

　　B. 字长越长，那么计算机所表示数的范围就越大，处理能力也越强，运算精度也就越高

　　C. 在 8 位机中，一个字含有 8 个二进制位

　　D. 在 64 位机中，一个字含有 64 个二进制位

14. 在计算机中，数值型数据的表示方法有＿＿＿＿＿＿＿＿。

　　A. 定点数　　　　　　　　B. 浮点数

　　C. 小数　　　　　　　　　D. 分数

15. 计算机的发展阶段经历了＿＿＿＿＿＿＿＿。

　　A. 电子管数字机　　　　　B. 晶体管数字机

　　C. 集成电路数字机　　　　D. 大规模集成电路机

三、判断题

1. 一个二进制位可以表示两种状态。（　　）

2. 在 64 位机中，一个字含有 64 个二进制位。（　　）

3. 定点数表示数的范围较小，浮点数表示的范围较大。（　　）

4. 计算机主机箱内的硬件主要包括主板、电源、中央处理器、随机存取存储器、显卡、声卡、硬盘。（　　）

5. 可与 CPU 直接进行数据交换的是硬盘。（　　）

6. CPU 是一块超大规模的集成电路，是一台计算机的运算核心和控制核心。（　　）

7. 按照存储单元的工作原理，随机存储器又分为静态随机存储器和动态随机存储器。（　　）

四、填空题

1. 在计算机中，数值型数据有两种表示方法，一种叫作＿＿＿＿＿＿＿＿，另一种叫作＿＿＿＿＿＿＿＿。

2. 定点数有＿＿＿＿＿＿＿＿和＿＿＿＿＿＿＿＿两种。

3. 计算机的发展阶段经历了＿＿＿＿＿＿＿＿、＿＿＿＿＿＿＿＿、＿＿＿＿＿＿＿＿和＿＿＿＿＿＿＿＿4 个阶段。

4. 按照存储单元的工作原理，随机存储器又分为_____和_____。

5. _____可直接与 CPU 进行数据交换。

6. _____是多媒体技术中最基本的组成部分，是实现声波/数字信号相互转换的一种硬件。

7. 应用软件是指针对用户的某种应用目的所撰写的软件，是用户可以使用的各种程序设计语言，以及用各种程序设计语言编制的应用程序的集合，分为_____和_____。

8. 字节是计算机中用来表示存储空间大小的最基本单位。一个字节由_____个二进制位组成。

9. 一个定点数，在计算机中可用不同的码制来表示，常用的码制有_____、_____和_____ 3 种。不论用什么码制来表示，数据本身的值并不发生变化，数据本身所代表的值叫作_____。

10. 国标码规定：一个汉字用_____个字节来表示，每个字节只用前 7 位，最高位均未作定义。

五、简答题

1. 简述操作系统的组成。

2. 计算机常用外设有哪些？分别有什么功能？

3. 简述计算机的发展趋势。

4. 计算机的应用领域有哪些? (至少列出三种)

项目 2　文字处理软件 Word 习题

一、单选题

1. 在 Word 的编辑状态下，执行"文件"菜单中的"保存"命令后，_____。

    A. 将所有打开的文件存盘

    B. 只能将当前文档存储在已有的原文件夹内

    C. 可以将当前文档存储在已有的任意文件夹内

    D. 可以先建立一个新文件夹，再将文档存储在该文件夹内

2. 在 Word 的哪种视图方式下，可以显示分页效果？_____

    A. 阅读视图　　　　　　　B. 大纲视图

    C. 页面视图　　　　　　　D. Web 版式视图

3. 在 Word 的编辑状态下，执行"编辑"菜单中的"粘贴"命令后，_____。

    A. 被选择的内容移到插入点处

    B. 被选择的内容移到剪贴板

    C. 剪贴板中的内容移到插入点处

    D. 剪贴板中的内容复制到插入点处

4. 用 Word 制表时，若想在表中选定位置下方插入一新行，则要单击鼠标右键，在快捷菜单的"插入"选项中选择"_____"命令。

    A. 在下方插入行　　　　　B. 在上方插入行

    C. 在右侧插入列　　　　　D. 在左侧插入列

5. 在 Word 的编辑状态下，利用下列哪个菜单中的命令可以选定单元格？_____

    A. "布局"菜单　　　　　B. "设计"菜单

    C. "开始"菜单　　　　　D. "插入"菜单

6. 在使用 Word 时，如果想把一篇文章以另外一个名字保存，则可选择"文件"菜单中的_____命令。

A. "保存"   B. "新建"

C. "打开"   D. "另存为"

7. 所有段落格式排版都可以通过_____菜单所打开的对话框来设置。

A. 文件 / 打开   B. 布局 / 段落

C. 开始 / 段落   D. 开始 / 字体

8. 若要进入页眉、页脚编辑区，可以通过单击_____菜单选择页眉、页脚命令。

A. "文件"   B. "开始"

C. "插入"   D. "设计"   E. "布局"

9. 如果已有页眉或页脚，再次进入页眉、页脚区只需双击_____就可以。

A. 文本区   B. 菜单区

C. 工具栏区   D. 页眉、页脚区

10. 插入分页符可使用_____菜单命令。

A. "文件 / 信息"   B. "开始 / 段落"

C. "插入 / 分页"   D. "布局 / 页面设置"

11. 首字下沉可以通过_____菜单来实现；分栏排版可以通过_____菜单来实现。

A. "开始" / "字符"   B. "开始" / "段落"

C. "插入" / "首字下沉"   D. "布局" / "分栏"

12. 在 Word 中，变换视图模式可通过菜单"视图"选择其相应命令来实现，但最快的方法是利用鼠标单击_____的按钮。

A. 垂直滚动条上方   B. 垂直滚动条下方

C. 缩放滚动条左侧   D. 缩放滚动条右侧

13. 在 Word 窗口的工作区里，闪烁的小垂直条表示_____。

A. 光标位置   B. 按钮位置

C. 鼠标图标   D. 接写错误

14. 在 Word 文档中，将光标直接移到文档尾的快捷键是_____。

A. <Page>   B. <End>

C. <Ctrl + End>   D. <Home>

15. 在以下 4 种操作中，_____可以在 Word 窗口中的文档内选取整行。

    A. 将鼠标指针指向该行，并单击鼠标左键

    B. 将鼠标指针指向该行，并单击鼠标右键

    C. 将鼠标指针指向该行处的最左端，并单击鼠标左键

    D. 将鼠标指针指向该行处的最左端，按<Ctrl>键的同时单击鼠标左键

16. 在 Word 文档操作中，经常利用_____操作相互配合，将一段文本内容移到另一处。

    A. 选取、复制、粘贴   B. 选取、剪切、粘贴

    C. 选取、剪切、复制   D. 选取、粘贴、复制

17. Word 在_____菜单中提供了查找与替换功能，可用于快速查找信息或成批替换信息。

    A. "开始"   B. "文件"

    C. "视图"   D. "设计"

18. 在 Word 的编辑状态下，文档内容要求采用居中对齐时，可选择_____功能。

    A. "开始" 菜单下的 "字体"   B. "开始" 菜单下的 "段落"

    C. "布局" 菜单下的 "段落"   D. "审阅" 菜单下的 "修订"

19. 打开的 Word 文件名可在窗口的_____找到。

    A. 标题栏   B. 菜单栏

    C. 工具栏   D. 状态栏

20. 用快捷键退出 Word 的方法是_____。

    A. <Ctrl + 4>   B. <Alt + F4>

    C. <Alt + F，X>   D. <Esc>

21. 在 Word 的编辑状态下，可以按<Delete>键来删除光标后面的一个字符，按_____键删除光标前面的一个字符。

    A. <Backspace>   B. <Insert>

    C. <Alt>   D. <Ctrl>

22. 在 Word 的编辑状态中，查找的快捷键是_____。

    A. <Ctrl + C>   B. <Ctrl + V>

    C. <Ctrl + F>   D. <Ctrl + H>

23. 在进行 Word 文档录入时，按_____键可产生段落标记。

    A. <Shift + Enter>   B. <Ctrl + Enter>

    C. <Alt + Enter>　　　　　D. <Enter>

24. 在 Word 中，通过_____可以很方便地在文档中创建表格。

    A. 调用 Windows 的"画图"

    B. 单击"视图"菜单中的"拆分"

    C. 单击"开始"菜单中的"边框"

    D. 单击"插入"菜单中的"插入表格"

25. 在 Word 中，插入图片可通过_____菜单下的"图片"进行操作。

    A. "文件"　　　　　　　B. "开始"

    C. "插入"　　　　　　　D. "布局"

26. 在 Word 中，要给文档编页码，需_____。

    A. 选择"文件"菜单下的"页面设置"

    B. 选择"视图"菜单下的"显示"

    C. 选择"插入"菜单下的"页面"

    D. 选择"插入"菜单下的"页码"

27. 下列快捷键中，新建文档的是_____。

    A. <Ctrl + O>　　　　　　B. <Ctrl + N>

    C. <Ctrl + S>　　　　　　D. <Ctrl + D>

28. 选定整个文档可以用快捷键_____。

    A. <Ctrl + A>　　　　　　B. <Shift + A>

    C. <Alt + A>　　　　　　D. <Ctrl + Shift + A>

29. 在 Word 的编辑状态下，当前编辑的文档是 C 盘中的"d1. doc"文档，要将该文档拷贝到软盘，应当使用_____。

    A. "文件/另存为"菜单命令

    B. "文件/保存"菜单命令

    C. "文件/新建"菜单命令

    D. "插入/文件"菜单命令

30. 利用_____功能可以对文档进行快速格式复制。

    A. 自动换行　　　　　　B. 格式刷

    C. 自动更正　　　　　　D. 自动图文集

31. 在 Word 的编辑状态下，文档窗口显示出水平标尺，则当前的视图方式_____。

    A. 一定是阅读视图方式

    B. 一定是页面视图方式

    C. 一定是阅读视图方式或页面视图方式

    D. 一定是大纲视图方式

32. 在 Word 的编辑状态，设置了标尺，可以同时显示水平标尺和垂直标尺的视图方式是_____。

    A. 阅读视图方式　　　　　　B. 页面视图方式

    C. 大纲视图方式　　　　　　D. Web 版式视图方式

33. 在 Word 主窗口中，_____。

    A. 可以在一个窗口里编辑多个文档

    B. 能打开多个窗口，但它们只能编辑同一个文档

    C. 能打开多个窗口编辑多个文档，但不能有两个窗口编辑同一个文档

    D. 可以多个窗口编辑多个文档，也可以多个窗口编辑同一个文档

34. 用 Word 编辑文件时，利用"插入"菜单中的命令可以_____。

    A. 用一个文本块覆盖磁盘文件

    B. 将一个磁盘文件插入到当前正在编辑的文档中

    C. 直接将一个文件块插入到磁盘文件

    D. 将选定的部分文本直接存入磁盘，形成一个文件

35. 在下列内容中，不属于"打印"命令对话框里设置的是_____。

    A. 起始页码　　　　　　　　B. 页码位置

    C. 打印份数　　　　　　　　D. 打印范围

36. 边界"左缩进""右缩进"是指段落的左右边界_____。

    A. 分别以纸张边缘为基准，再向内缩进

    B. 分别以"页边距"为基准，再向内缩进

    C. 分别以纸张边缘为基准，都向左移动或都向右移动

    D. 以纸张中心为基准，分别向左、向右移动

37. 以下用鼠标选定的方法，正确的是_____。

    A. 选定一个段落时，把鼠标指针放在对象选定区上，双击

    B. 选定一篇文档时，把鼠标指针放在选定区，双击

C. 选定一列时，按住\<Ctrl>键，并用鼠标指针拖动

D. 选定一行时，把鼠标指针放在该行中，双击

38. 在 Word 文档中，希望在每一页都固定出现的内容，应该将其放在_____中。

A. 页眉、页脚　　　　　　　　　B. 文本框

C. 图文框　　　　　　　　　　　D. 剪贴板

39. 在 Word 中，格式刷可用来复制_____。

A. 字符的字体号和颜色　　　　　B. 段落的缩进与对齐方式

C. 段前段后距离与行间距　　　　D. 以上格式都可以

40. 在 Word 文档中，需要插入分节符的情况是_____。

A. 由不同章节组成的文档

B. 由不同段落格式组成的文档

C. 由不同页面格式组成的文档

D. 由文本、图形和表格组成的文档

41. 在 Word 的编辑状态，选择了一个段落并设置段落的"首行缩进"为 1 厘米，则_____。

A. 该段落的首行起始位置距页面的左边距 1 厘米

B. 文档中各段落的首行只由"首行缩进"确定位置

C. 该段落的首行起始位置在段落的"左缩进"位置的右边 1 厘米

D. 该段落的首行起始位置在段落的"左缩进"位置的左边 1 厘米

42. 在 Word 的编辑状态，打开文档 ABC，修改后另存为 ABD，则文档 ABC_____。

A. 被文档 ABD 覆盖　　　　　　B. 被修改未关闭

C. 被修改并关闭　　　　　　　　D. 未修改被关闭

43. 在 Word 的编辑状态中，对已经输入的文档进行分栏操作，需要使用的菜单是_____菜单。

A. "开始"　　　　　　　　　　B. "视图"

C. "布局"　　　　　　　　　　D. "设计"

44. 以下关于表格自动套用格式的说法中，正确的是_____。

A. 应用自动套用格式后，表格不能再进行任何格式修改

B. 在对旧表进行自动套用格式时，只需要把插入点放在表格里，不需要选定表

C. 在对旧表进行自动套用格式时，必须选定整张表

D. 应用自动套用格式后，表格列宽不能再改变

45. 如果要创建一个公式，可以＿＿＿＿＿＿。

A. 执行"开始/字体"命令，在"字体"对话框中进行设置

B. 执行"插入/公式"命令，在"公式"对话框中设置

C. 单击"表格和边框"工具栏上的"创建公式"按钮

D. 使用"绘图"工具栏上的"创建公式"按钮

46. 在文档中使用＿＿＿＿＿＿有助于加强文档作者与审阅者之间的沟通。

A. 标题　　　　　　　　　　B. 页码

C. 页眉与页脚　　　　　　　D. 批注

47. 在"文件"菜单底部有若干个文件名，其意思是＿＿＿＿＿＿。

A. 这些文件目前均处于打开状态

B. 这些文件正在排队等待打印

C. 这些文件最近 Word 处理过

D. 这些文件是当前目录中扩展名为".dot"的文件

48. 在 Word 窗口中，利用＿＿＿＿＿＿可以方便地调整段落伸出缩进、页面上下左右边距、表格的列宽和行高。

A. 标尺　　　　　　　　　　B. 段落工具栏

C. 常用工具栏　　　　　　　D. 表格工具栏

49. 在 Word 环境中，不用打开文件对话框就能直接打开最近使用过的 Word 文件的方法是＿＿＿＿＿＿。

A. 工具栏按钮方法　　　　　B. 菜单"文件"→"打开"

C. 快捷键　　　　　　　　　D. 菜单"文件"中的文件列表

50. 在 Word 中，进行段落格式设置的功能最全面的工具是＿＿＿＿＿＿。

A. "制表位"对话框　　　　　B. 水平标尺

C. "段落"对话框　　　　　　D. "正文排列"对话框

51. 在"替换"对话框中，如果在"查找"框中输入文本后，不在"替换为"文本框中输入任何内容，则在单击"全部替换"按钮后＿＿＿＿＿＿。

A. 对查找到的内容不做任何改动

B. 将查找到的内容全部删去

C. 将查找到的内容全部替换为空格

D. 出现错误

52. 要删除分节符，可将插入点置于双点线上，然后按_____键。

　　A. <Esc>　　　　　　　　B. <Tab>

　　C. <Enter>　　　　　　　D. <Delete>

53. 在 Word 中，打开_____模式后，当按下键盘上的一个键时，插入点右边的字符会被替代掉。

　　A. 编辑　　　　　　　　　B. 插入

　　C. 改写　　　　　　　　　D. 录制宏

54. 要使 Word 能自动更正经常输错的单词，应使用_____功能。

　　A. 拼写检查　　　　　　　B. 同义词库

　　C. 自动拼写　　　　　　　D. 自动更正

55. _____不是格式工具栏上的对齐按钮。

　　A. 左对齐　　　　　　　　B. 两端对齐

　　C. 缩进　　　　　　　　　D. 右对齐

56. 要想观察一个长文档的总体结构，应当使用_____方式。

　　A. Web 版式视图　　　　　B. 页面视图

　　C. 阅读视图　　　　　　　D. 大纲视图

57. 一位同学正在撰写毕业论文，并且要求只用 A4 规格的纸输出，在打印预览中，发现最后一页只有一行，她想把这一行提到上一页，最好的办法是_____。

　　A. 改变纸张大小　　　　　B. 增大页边距

　　C. 减小页边距　　　　　　D. 将页面方向改为横向

58. 通过使用_____，可以设置或删除自定义制表位。

　　A. 水平标尺和鼠标　　　　B. 制表位对话框

　　C. 断字对话框　　　　　　D. A 和 B

59. 以下有关常用工具栏上"打印"按钮的说法中，正确的是_____。

　　A. 可以选择不同的打印机型号

　　B. 可以设置不同的打印范围

　　C. 可以设置打印份数

　　D. 文档立即送到打印机

60. 在文件菜单中"打印"对话框的"页面范围"下的"当前页"项是指_____。

　　A. 当前窗口显示的页　　　B. 插入光标所在的页

　　C. 最早打开的页　　　　　D. 最后打开的页

61. 可以通过_____菜单来插入或删除表格的行、列和单元格。

　　A. "格式"　　　　　　　B. "编辑"

　　C. "表格"　　　　　　　D. "插入"

62. 当前插入点在表格中某行的最后一个单元格内，按回车键后，_____。

　　A. 插入点所在行加宽

　　B. 插入点所在列加宽

　　C. 在插入点下一行增加一行

　　D. 插入点移到下一行单元格内

63. 当插入点在表的最后一行最后一单元格时，按<Tab>键，将_____。

　　A. 在同一单元格里建立一个文本新行

　　B. 产生一个新列

　　C. 将插入点移到新的一行的第一个单元格

　　D. 将插入点移到第一行的第一个单元格

64. 下列方式中，可以显示出页眉和页脚的是_____。

　　A. 阅读视图　　　　　　　B. 页面视图

　　C. 大纲视图　　　　　　　D. Web 版式视图

65. 在 Word 编辑状态下，给当前打开的文档加上页码，应使用的下拉菜单是_____菜单。

　　A. "开始"　　　　　　　B. "插入"

　　C. "设计"　　　　　　　D. "布局"

66. 在 Word 编辑状态下，要将文档中的所有"E-MAIL"替换成"电子邮件"，应使用的菜单是_____菜单。

　　A. "开始"　　　　　　　B. "视图"

　　C. "插入"　　　　　　　D. "布局"

67. 在 Word 的编辑状态中，对已经输入的文档设置首字下沉，需要使用的菜单是_____菜单。

    A. "开始"   B. "视图"

    C. "插入"   D. "设计"

68. 在选中字符后，要为该字加上"赤水情深"的效果，打开"格式"菜单中的"字体"对话框后，选择_____选项卡。

    A. 字体   B. 字符间距

    C. 动态效果   D. 颜色

69. 在 Word 的编辑状态下，若要调整光标所在段落的行距，首先进行的操作是_____。

    A. 打开"插入"下拉菜单   B. 打开"视图"下拉菜单

    C. 打开"开始"下拉菜单   D. 打开"设计"下拉菜单

70. 下列选择图形的叙述中，_____是错误的。

    A. 按住<Shift>键，依次单击各个图形可以选择多个图形

    B. 依次单击各个图形可以选择多个图形

    C. 选中图形或图片后，才能对其进行编辑操作

    D. 单击绘图工具栏上的"选择图形"按钮，在编辑区内单击鼠标并拖动一个范围，把将要选择的图形包括在内

71. 在 Word 窗口中，对已输入内容的文档进行排版，若未进行选择而设置行间距，则_____。

    A. 只影响插入点所在行   B. 只影响插入点所在段落

    C. 只影响当前页   D. 影响整个文档

72. 若 Word 正处于打印预览状态，要打印文件，则_____。

    A. 必须退出预览状态后才可以打印

    B. 在打印预览状态也可以直接打印

    C. 在打印预览状态不能打印

    D. 只能在打印预览状态打印

73. 在 Word 中可以在文档的每页或一页上打印一图形作为页面背景，这种特殊的文本效果被称为_____。

    A. 图形   B. 艺术字

    C. 插入艺术字   D. 水印

74. 要观看文档分栏排版的效果，可进入 Word 的_____。

    A. 阅读视图　　　　　　　　　　　B. 页面视图

    C. 大纲视图　　　　　　　　　　　D. Web 版式视图

二、多选题

1. "新建"一个文档，正确的操作为_____。

    A. 选择"文件"菜单中的"新建"命令

    B. 按<Ctrl + N>键

    C. 单击工具栏中的"新建"按钮

    D. 按<Ctrl + O>键

2. 在输入 Word 文档过程中，_____地方应按回车键。

    A. 自然段结束　　　　　　　　　　B. 一行结束

    C. 一句话结束　　　　　　　　　　D. 标题结束

3. 改变字体可以利用_____进行。

    A. 菜单栏中"开始"菜单下的"字体"命令

    B. 快捷菜单

    C. 格式工具

    D. 常用工具栏

4. 欲将 A 列的内容插入到 B 列和 C 列之间，正确的操作为_____。

    A. 选中 A 列，再将其剪下粘贴到 B 列和 C 列之间的空列中

    B. 选中 A 列，再将其复制到 B 列和 C 列之间的空列中，再删除 A 列

    C. 选中 A 列，再按住<Ctrl>键不放，将其拖曳到 B 列和 C 列之间的空列中

    D. 选中 A 列，再将其剪下粘贴到 C 列上

5. 在打印文档时，欲打印第 1，3，9，及 5~7 页，在打印对话框中"页码范围"栏应输入_____。

    A. 1，3，5，7，9　　　　　　　　B. 1 ~ 9

    C. 1，3，5，6，7，9　　　　　　　D. 1，3，5 ~ 7，9

三、判断题

1. 文字处理软件的基本功能之一是对文字字符进行编辑。（　　　）

2. Word 是文字处理软件。（　　　）

3. 结束 Word 的工作，不能采用用鼠标左键单击窗口右上角标有一个短横线的按

钮的方法。（　　　）

4. 在计算机软件系统中，文字处理软件属于应用软件。（　　　）

5. "文件"下拉菜单底部所显示的文件名是正在使用的文件名。（　　　）

6. Word 中，页边距是文字与纸张边界之间的距离，分为上、下、左、右四类。（　　　）

7. 在中文 Word 下保存文件时，默认的文件扩展名是".doc"。（　　　）

8. 在 Word 中，当前正在被编辑的文档名显示在标题栏。（　　　）

9. 通过系统"开始"菜单里"程序"命令项的"Microsoft Word"启动 Word，能够创建一个文档。（　　　）

10. 单击"文件"菜单中的"打开"命令项能够创建一个新文档。（　　　）

11. 所谓"打开"文档，是指另外打开一个新文档窗口显示和打印该文档的内容。（　　　）

12. 执行"文件"菜单中的"关闭"命令项，将结束 Word 的工作。（　　　）

13. 为当前正在编辑的文档设置保护措施，可以使用"工具"菜单里的命令。（　　　）

14. 在 Word2016 中，状态栏的左边有 3 个视图按钮，从左到右依次是 Web 版式视图、页面视图、大纲视图。（　　　）

15. 在 Word 中，要同时保存多个文档应按住<Shift>键，选择"文件"菜单中的"全部保存"命令。（　　　）

16. 退出 Word 的快捷键为<Alt + F4>。（　　　）

17. 在 Word 的"打印预览"模式下能够对页边距进行调整。（　　　）

18. Word 在大纲视图中无法显示艺术字对象，也无法对其进行拼写检查。（　　　）

19. 用户控制各种工具按钮是否显示的命令在视图菜单中。（　　　）

20. 当鼠标指针通过 Word 编辑区时的形状为箭头。（　　　）

21. Word 具有查找一个特定文档的功能，这个功能包含在编辑菜单中的"查找"对话框中。（　　　）

22. 文本编辑区内有一个闪动的粗竖线，它表示插入点，可在该处输入字符。（　　　）

23. 在 Word 文本区中显示的段落标记在输出到打印机时也会被打印出来。（　　　）

24. 在 Word 的编辑状态下，当前输入的文字显示在插入点处。（　　　）

25. 在 Word 的"开始"菜单中，"粘贴"命令呈灰色则表示该命令不可用。（　　　）

26. 当需要输入日期、时间等时，可选择"插入"菜单中的"日期和时间"命令。

(　　)

27. Word 允许我们使用鼠标和键盘来移动插入点。(　　)

28. 在 Word 中，选定区域内的文本及对象以反相(黑底白字)显示以示区别。(　　)

29. "粘贴"的快捷键是<Ctrl + V>。(　　)

30. 打印范围不属于"打印"命令对话框里设置的内容。(　　)

31. 在文档窗口中显示被编辑文档的同时，能显示页码、页眉、页脚的显示方式是页面视图方式。(　　)

32. 打算将文档中的一段文字从目前位置移到另外一处，第一步应当复制。(　　)

33. 在对文档进行编辑时，如果操作错误，可以单击"编辑"菜单里的"撤销"命令项。(　　)

34. 单击"插入"菜单里的"文件"命令项，不能建立另一个文档窗口。(　　)

35. 在 Word 工作过程中，删除插入点光标右边的字符，按删除键(<Delete>键)。(　　)

36. 为了方便地输入特殊符号、当前日期时间等，可以采用插入菜单下的相应命令。(　　)

37. 在 Word 的编辑状态下，文档中有一行被选择，当按下<Delete>键后删除该行。(　　)

38. 在 Word 编辑的内容中，文字下面有红色波浪下划线表示可能有拼写错误。(　　)

39. 在 Word 的编辑状态下，若要调整左右边界，比较直接、快捷的方法是调整标尺上的左、右缩进游标。(　　)

40. Word 中，要取消文档中某句话的粗体格式，应选中该句，单击格式工具栏中"粗体"按钮。(　　)

41. 在 Word 中，可在格式工具栏中改变文档的字体大小。(　　)

42. 在 Word 文档中选中某句话，连击两次工具栏中的斜体按钮，则这句话的字符格式不变。(　　)

43. 在 Word 文档中，进行文本格式化的最小单元是字符。(　　)

44. 在 Word 中，删除某页的页码，将自动删除整篇文档的页码。(　　)

45. 在 Word 中，对文档设置页码时，可以对第一页不设置页码。(　　)

46. Word 中对图形对象可同时添加阴影效果和三维效果。(　　)

47. 在 Word 中，一旦进入"预览"窗口，"放大／缩小"按钮即被选中，鼠标指针变为放大镜。(　　)

48. Word 文档中，每个段落都有自己的段落标记，段落标记的位置在段落的结尾。(　　)

49. 在 Word 中，制表位能用来对齐文字。(　　)

50. 在 Word 中，剪切操作就是删除操作。(　　)

四、填空题

1. 在 Word 中长文档的最佳显示方式是_____视图。

2. 在输入文本时，按<Enter>键后将产生_____符。

3. 在 Word 中，编辑文本文件时用于保存文件的快捷键是_____。

4. 在 Word 中，要查看文档的统计信息(如页数、段落数、字数、字节数等)和一般信息，可以选择文件菜单下的"_____"菜单项。

5. 在 Word 中，用户在用<Ctrl+C>组合键将所选内容复制到剪贴板后，可以使用_____组合键粘贴到所需要的位置。

6. 在 Word 的编辑状态下，若退出"全屏显示"视图方式，应当按的功能键是_____。

7. 通过"插入"菜单的"_____"命令，可以插入特殊字符、国际字符和符号。

8. 在 Word 编辑状态下制作了一个表格，在 Word 默认状态下表格线显示为_____。

9. 在 Word 中的"字体"对话框中，可以设置的字形特点包括常规、粗体、斜体和_____。

10. 段落对齐方式可以有两端对齐、居中、左对齐和右对齐四种方式，在上有这四个按钮。

11. 打印快捷键是_____。

12. 在设置段落对齐方式时，要使两端对齐，可使用工具栏中的"_____"按钮；要左对齐可使用工具栏中的"_____"按钮；要右对齐可使用工具栏中的"_____"按钮；要居中对齐，可使用工具栏中的"_____"按钮。

13. 要想自动生成目录，一般在文档中应包含_____样式。

14. 选定文本后，拖动鼠标到需要处即可实现文本块的移动；按住_____键拖动鼠标到需要处即可实现文本块的复制。

15. 建立表格可以通过单击工具栏中的"_____"按钮，并拖动鼠标指定行数和列数，还可以通过"_____"菜单中的"插入表格"命令来选择行数和列数。

16. 在 Word 中，单击鼠标_____可以取得与当前工作相关的快捷菜单，方便快速地选取命令。

17. Word 文档中的段落标记可按_____键产生，它在表示本段落结束的同时，还记载了_____信息。

18. 只查看大标题，或重组长文档时，运用_____视图是很方便的。

19. 在 Word 编辑状态下，要在 Word 窗口中显示水平标尺，应使用"_____"菜单下的"_____"命令。

20. 在 Word 中可以使用"_____"菜单下的"_____"命令轻松地统计出当前文档字数、段数、页数等信息。

五、上机操作

本题的目的是让读者了解 Word 的基本操作与文本修饰技巧，请根据示例和提示在 Word 软件中完成以下操作。

(1) 在 Word 软件中输入示例中的文字。

(2) 在 Word 软件中插入示例中的图片。

(3) 对文字的字体、字号和颜色进行设置。

(4) 对文字的对齐方式、缩进方式进行设置。

(5) 对文字的段落、行距进行设置。

(6) 对文档的页面进行设置。

(7) 对文档的存储路径、存储名称、存储方式进行练习。

江 雪

(唐·柳宗元)

千山鸟飞绝，万径人踪灭。

孤舟蓑笠翁，独钓寒江雪。

　　此诗大约作于作者谪居永州时期。这是一首押仄韵的五言绝句。粗看起来，这像是一幅一目了然的山水画：冰天雪地，没有行人、飞鸟，只有一位老翁独处孤舟，默然垂钓。但仔细品味，这洁、静、寒凉的画面却是一种遗世独立、峻洁孤高的人生境界的象征。

　　此诗的艺术构思很讲究，诗人运用了对比、衬托的手法：千山万径之广远衬托孤舟老翁之渺小；鸟绝人灭之阒寂对比老翁垂钓之生趣；画面之安谧冷寂衬托人物心绪之涌动。孤处独立的老翁实际是诗人心情意绪的写照。

【上机操作提示】

1. 打开 Word 软件

　　在"开始"菜单中按"所有程序→Microsoft Office→Word"顺序即可打开 Word 软件，软件启动后会自动打开一个空白的 Word 文档。

2. 新建 Word 文档

　　Word 软件启动后，在"文件"菜单栏中选择"新建"即可打开新建 Word 文档的界面。

3. 文字输入

　　在文字编辑区域单击鼠标左键，即可在光标的位置处进行文字的输入。在键盘上敲击回车键即可进行文本的换行。

4. 设置字体、字号、字体颜色

选中要编辑的文本，在"开始"菜单栏中选择"字体"即可对文字的格式进行设置，单击字体工具栏右下角的扩展箭头即可打开"字体设置"对话框。

文字常用格式设置形式及方法如下：

文字字号设置：在字体工具栏中单击快速设置窗口 方正仿宋_GBK ▾ 9.5 ▾ 或打开"字体设置"对话框，即可对选中文本的字体字号进行设置；

文字加粗：选中文字后，单击字体工具栏中的 B 即可设置文字加粗；

文字倾斜：选中文字后，单击字体工具栏中的 I 即可设置文字倾斜；

下划线：选中文字后，单击字体工具栏中的 U 即可为文字添加下划线；

删除线：选中文字后，单击字体工具栏中的 A 即可为文字添加删除线；

下标：选中文字后，单击字体工具栏中的 X_2 即可设置文字为下标形式；

上标：选中文字后，单击字体工具栏中的 X^2 即可设置文字为上标形式。

上述操作也可在"字体设置"对话框中实现。

按照上述操作方法，进行如下设置：

将标题设置成：黑体，二号，黑色，加粗；

将作者设置成：隶书，三号，紫色；

将诗正文设置成：华文行楷，三号，蓝色；

将注释正文设置成：幼圆，三号，黑色。

5. 设置段落格式

1) 对齐方式设置

常用的文字对齐方式有左对齐、右对齐、居中、两端对齐等，这些设置可通过菜单栏中的"段落对齐"工具实现，这些工具位于菜单栏的"开始→段落"工具栏中。

2) 缩进方式设置

常用的文字缩进方式有左缩进、右缩进、首行缩进、悬挂缩进等，这些设置可在"段落设置"对话框中实现。在"开始"菜单栏中选择"段落"，单击段落工具栏右下角的扩展箭头即可打开"段落设置"对话框；也可通过"选中文字→单击鼠标右键→选择'段落'"实现。在"段落设置"对话框中，除了可以设置文本缩进方式之外，还可指定具体的缩进量。

3) 行距设置

常用的文本行距有单倍行距、多倍行距、固定值行距等。对固定值行距，可设置具体的行距值。除设置行距之外，在"段落设置"对话框中，还可对文本的段前、段后间距进行设置。

按照上面的操作方式，分别进行如下设置：

标题：居中，单倍行距；

作者：居中，单倍行距；

诗正文：居中，1.5 倍行距；

注释正文：两端对齐，首行缩进 2 字符，行距为固定值 30 磅。

6. 插入图片

在菜单栏中选择"插入→图片"，即可打开"图片选择"对话框进行图片的插入。

7. 设置图片格式

图片插入后，双击图片可打开图片格式设置界面。在此界面中可对图片进行如下设置：

图片调整：在"调整"工具栏中，选择相应的工具可对图片的颜色、对比度、大小等进行设置；

图片样式：在"图片样式"工具栏中，选择相应的工具可对图片的边框、效果、版式进行设置；

排列方式：在"排列"工具栏中，选择相应的工具可对图片的位置、文字环绕效果、图层顺序等进行设置；

排列尺寸：在"大小"工具栏中，选择相应的工具可对图片进行裁剪、缩放等设置。

根据上述提示，将图进行如下设置：

对齐方式：居中；

图片大小：12 厘米；

图文混排方式：嵌入型。

8. 设置页眉和页码

页眉位于文本的最顶端，常用于显示文本的主题或题目。按照"插入→页眉和页脚→页眉"顺序即可打开页眉下拉列表。在下拉列表中可选择预定义好的设置，页眉插入后，双击页眉即可进行编辑。编辑页眉的方式与编辑文字的方式相同，可以进行字体、字号、边框、底纹、下划线等格式的设置。

按照"插入→页眉和页脚→页码"顺序即可打开页码下拉列表。在下拉列表中可以进行页码插入位置的选择，单击"设置页码格式"即可打开"页码格式"设置对话框，在对话框中可对页码的格式进行详细的自定义设置。

根据以上提示进行如下设置：

页眉：内容设置为"诗词赏析"，居中，宋体，5号，黑色，底纹设置为"1磅单细线"；

页码：居中，宋体，5号。

9. 页面设置

按照"页面布局→页面设置→页边距"顺序即可打开页边距设置下拉列表，在下拉列表中可选择预定义好的设置，也可单击"自定义边距"打开"页面设置"对话框，在"页边距"选项卡中进行更详细的自定义设置。

1）纸张方向设置

纸张可根据需要设置成横向或纵向，按照"布局→页面设置→纸张方向"顺序即可进行设置。

2）纸张大小设置

按照"页面布局→页面设置→纸张大小"顺序即可打开纸张大小设置下拉列表，在下拉列表中可选择预定义好的设置，也可单击"其他页面大小"打开"页面设置"对话框，在"纸张"选项卡中进行更详细的自定义设置。

根据以上提示，将页面设置如下：

纸张大小：A4；

纸张方向：纵向；

页边距：左3.5厘米，右2.5厘米，上2厘米，下3厘米；

装订方式：左侧装订。

10. 文档保存

在菜单栏上点击"保存"按钮 ▢ ，或使用快捷键<Ctrl + S>，或在"文件"菜单中选择"保存/另存为"，即可进入 Word 文档的保存界面，在弹出的对话框中选择保存的位置和名称即可完成文档的保存。

按照以上提示，将文件保存成：

路径：D 盘根目录；

文件名称：Word 操作练习；

保存类型：Word 文档。

项目 3　电子表格处理软件 Excel 习题

一、单选题

1. 公式 = SUM(C2：C6)的作用是＿＿＿＿＿。

　　A. 求 C2 到 C6 这五个单元格数据之和

　　B. 求 C2 和 C6 这两个单元格数据之和

　　C. 求 C2 和 C6 这两个单元格的比值

　　D. 以上说法都不对

2. 若 A1 单元格为 3，B1 单元格为 TRUE，则公式 SUM(A1，B1，2)的计算结果为＿＿＿＿＿。

　　A. 2　　　　　　　　　　B. 5

　　C. 6　　　　　　　　　　D. 公式错误

3. 在 Excel 中，下列叙述中不正确的是＿＿＿＿＿。

　　A. 每个工作簿可以由多个工作表组成

　　B. 输入的字符不能超过单元格宽度

　　C. 每个工作表有 256 列、65536 行

　　D. 单元格中输入的内容可以是文字、数字、公式

4. 要移到活动行的 A 列，按＿＿＿＿＿键。

　　A. <Ctrl + Home>　　　B. <Home>

　　C. <Home + Alt>　　　　D. <PageUp>

5. Excel 选定单元格区域的方法是,单击这个区域左上角的单元格,按住＿＿＿＿＿键,再单击这个区域右下角的单元格。

　　A. <Alt>　　　　　　　　B. <Ctrl>

　　C. <Shift>　　　　　　　D. 任意>

6. 在 Excel 表格图表中，没有的图形类型是＿＿＿＿＿。

  A. 柱形图　　　　　　　　　　B. 条形图

  C. 圆锥形图　　　　　　　　　D. 扇形图

7. Excel 行号是以_____排列的。

  A. 英文字母序列　　　　　　　B. 阿拉伯数字

  C. 汉语拼音　　　　　　　　　D. 任意字符

8. Excel 对于新建的工作簿文件，若还没有进行存盘，系统会采用_____作为临时名字。

  A. Sheet1　　　　　　　　　　B. Book1

  C. 文档 1　　　　　　　　　　D. File1

9. 以下_____可用作函数的参数。

  A. 数　　　　　　　　　　　　B. 单元

  C. 区域　　　　　　　　　　　D. 以上都可以

10. 以下单元格引用中，_____属于混合应用。

  A. E3　　　　　　　　　　　　B. C18

  C. C$20　　　　　　　　　　D. D13

11. Excel 的主要功能是_____。

  A. 电子表格、文字处理、数据库

  B. 电子表格、图表、数据库

  C. 电子表格、工作簿、数据库

  D. 工作表、工作簿、图表

12. 以下图标中，_____是"自动求和"按钮。

  A. Σ　　　　　　　　　　　　B. S

  C. f　　　　　　　　　　　　D. f_x

13. 以下图标中，_____是"插入函数"按钮。

  A. Σ　　　　　　　　　　　　B. S

  C. f　　　　　　　　　　　　D. f_x

14. 启动 Excel 是在启动_____的基础上进行的。

  A. Windows　　　　　　　　　B. UCDOS

  C. DOS　　　　　　　　　　　D. WPS

15. 图表是工作表数据的一种视觉表示形式，图表是动态的，改变图表_____后，系统就会自动更新图表。

    A. x 轴数据　　　　　　B. y 轴数据

    C. 标题　　　　　　　　D. 所依赖数据

16. 右击一个图表对象，_____出现。

    A. 一个图例　　　　　　B. 一个快捷菜单

    C. 一个箭头　　　　　　D. 图表向导

17. Excel 将下列数据项视作文本的是_____。

    A. 1834　　　　　　　　B. 15E587

    C. 2.00E + 02　　　　　D. −15783.8

18. 在 Excel 中，字符型数据默认显示方式是_____。

    A. 中间对齐　　　　　　B. 右对齐

    C. 左对齐　　　　　　　D. 自定义

19. 在工作表中，对选取不连续的区域时，首先按下_____键，然后单击需要的单元格区域。

    A. <Ctrl>　　　　　　　B. <Alt>

    C. <Shift>　　　　　　D. <Backspace>

20. 如果输入以_____开始，Excel 认为单元的内容为一公式。

    A. !　　　　　　　　　　B. =

    C. *　　　　　　　　　　D. √

21. 可以激活 Excel 菜单栏功能键的是_____。

    A. F1　　　　　　　　　B. F10

    C. F9　　　　　　　　　D. F2

22. Excel 电子表格 A1 到 C5 为对角构成的区域，其表示方法是_____。

    A. A1:C5　　　　　　　B. C5:A1

    C. A1 C5　　　　　　　D. A1，C5

23. Excel 单元格的地址是由_____来表示的。

    A. 列标和行号　　　　　B. 行号

    C. 列标　　　　　　　　D. 任意确定

24. 中文 Excel 的单元格中的数据可以是_____。

    A. 字符串　　　　　　　B. 一组数字

  C. 一个图形　　　　　D. A、B、C 都可以

25. 支持 Excel 运行的软件环境是＿＿＿＿＿＿。

  A. DOS　　　　　　　B. Office 97

  C. UCDOS　　　　　　D. Windows

26. 在 Excel 中，如果没有预先设定整个工作表对齐方式，在输入数据时不打前缀标志，则数据自动以＿＿＿＿＿＿方式存放。

  A. 左对齐　　　　　　B. 中间对齐

  C. 右对齐　　　　　　D. 视具体情况而定

27. 在 Excel 公式中，用来进行乘的标记为＿＿＿＿＿＿。

  A. ×　　　　　　　　B. ( )

  C. ∧　　　　　　　　D. *

28. 在 Excel 工作表中，假设 A2 = 7，B2 = 6.3，选择 A2:B2 区域，并将鼠标指针放在该区域右下角填充句柄上，拖动至 E2，则 E2 = ＿＿＿＿＿＿。

  A. 3.5　　　　　　　　B. 4.2

  C. 9.1　　　　　　　　D. 9.8

29. 函数 ROUND(12. 15，1)的计算结果为＿＿＿＿＿＿。

  A. 12.2　　　　　　　B. 12

  C. 10　　　　　　　　D. 12.25

30. 在 Excel 中，若要对执行的操作进行撤销，则最多可以撤销＿＿＿＿＿＿次。

  A. 1　　　　　　　　　B. 16

  C. 100　　　　　　　　D. 无数

31. 在 Excel 文字处理时，强迫换行的方法是在需要换行的位置按＿＿＿＿＿＿键。

  A. <Enter>　　　　　　B. <Tab>

  C. <Alt + Enter>　　　　D. <Alt + Tab>

32. 在 Excel 中，公式的定义必须以＿＿＿＿＿＿符号开头。

  A. =　　　　　　　　　B. ^

  C. /　　　　　　　　　D. S

33. 启动 Excel 的正确步骤是＿＿＿＿＿＿。

(1) 将鼠标移到"开始"菜单中的"程序"菜单项上，打开"程序"菜单；

(2) 单击 Windows 主窗口左下角的"开始"按钮，打开主菜单；

(3) 单击菜单中的"Microsoft Excel"。

  A. (1)(2)(3)   B. (2)(1)(3)

  C. (3)(1)(2)   D. (2)(3)(1)

34. 可以退出 Excel 的方法是_____。

  A. 单击"文件"菜单，再单击"关闭"命令

  B. 单击"文件"菜单，再单击"退出"命令

  C. 单击其他已打开的窗口

  D. 单击标题栏上的"-"按钮。

35. 下列菜单中不属于 Excel 窗口菜单的是_____。

  A. "文件"   B. "编辑"

  C. "查看"   D. "格式"

36. Excel 工作簿文件的缺省类型是_____。

  A. TXT   B. DOC

  C. WPS   D. XLS

37. 在 Excel 中，不能用_____的方法建立图表。

  A. 在工作表中插入或嵌入图表   B. 添加图表工作表

  C. 从非相邻选定区域建立图表   D. 建立数据库

38. 下列关于 Excel 的叙述中，正确的是_____。

  A. Excel 工作表的名称由文件名决定

  B. Excel 允许一个工作簿中包含多个工作表

  C. Excel 的图表必须与生成该图表的有关数据处于同一张工作表上

  D. Excel 将工作簿的每一张工作表分别作为一个文件夹保存

39. Excel 的基础是_____。

  A. 工作表   B. 工作簿

  C. 数据   D. 图表

40. Excel 中工作簿的基础是_____。

  A. 数据   B. 图表

  C. 单元格   D. 拆分框

41. Excel 工作表的默认名是_____。

  A. DBF5   B. Book3

　　C. Sheet4　　　　　　　　　D. Document3

42. 在 Excel 的编辑状态下，当前输入的文字显示在_____。

　　A. 数据编辑区和当前单元格　　B. 当前单元格

　　C. 数据编辑区　　　　　　　　D. 当前行尾部

43. 保存文档的命令出现在_____菜单里。

　　A. "开始"　　　　　　　　　　B. "插入"

　　C. "文件"　　　　　　　　　　D. "页面布局"

44. 在 Excel 的"编辑"菜单上的"恢复"命令能够_____。

　　A. 重复上次操作　　　　　　　B. 恢复对文档进行的最后一次操作前的样子

　　C. 显示上一次操作　　　　　　D. 显示二次的操作内容

45. 在 Excel "格式"工具栏中有_____个可以改变字形的按钮。

　　A. 二　　　　　　　　　　　　B. 三

　　C. 四　　　　　　　　　　　　D. 五

46. 下面说法正确的是_____。

　　A. 一个工作簿可以包含多个工作表

　　B. 一个工作簿只能包含一个工作表

　　C. 工作簿就是工作表

　　D. 一个工作表可以包含多个工作簿

47. 绝对地址前面应使用下列哪个符号？_____

　　A. x　　　　　　　　　　　　　B. $

　　C. #　　　　　　　　　　　　　D. ^

48. 以下哪个是绝对地址？_____

　　A. D5　　　　　　　　　　　B. $D5

　　C. *A5　　　　　　　　　　　　D. 以上都不对

49. 一个 Excel 工作表可包含最多_____列。

　　A. 150　　　　　　　　　　　　B. 256

　　C. 300　　　　　　　　　　　　D. 400

50. 一个 Excel 工作簿可包含_____张工作表。

　　A. 8　　　　　　　　　　　　　B. 12

　　C. 255　　　　　　　　　　　　D. 20

51. 活动单元地址显示在_____内。

　　A. 工具栏　　　　　　　　B. 菜单栏

　　C. 名称框　　　　　　　　D. 状态栏

52. 查看帮助信息可在主窗口的_____进行。

　　A. "工具"菜单　　　　　　B. "格式"菜单

　　C. "窗口"菜单　　　　　　D. "帮助"菜单

53. 用"工具栏"进行操作是比较简便的 Excel 操作，它可在屏幕上显示也可不显示，选择显示工具栏的是在主窗口的_____菜单完成。

　　A. "文件"　　　　　　　　B. "视图"

　　C. "插入"　　　　　　　　D. "公式"

54. 中文 Excel 是一个在 Windows 操作系统下运行的_____。

　　A. 操作系统　　　　　　　B. 字处理应用软件

　　C. 电子表格软件　　　　　D. 打印数据程序

55. 要调整列宽，需将鼠标指针移至行标标头的边框_____。

　　A. 左边　　　　　　　　　B. 右边

　　C. 顶端　　　　　　　　　D. 下端

56. 可在工作表中插入空白单元格的命令是_____。

　　A. "编辑"，"插入"　　　　B. "选项"，"插入"

　　C. "插入"，"单元格"　　　D. 以上都不对

57. 如果单元格中的数太大不能显示时，一组_____显示在单元格内。

　　A. ?　　　　　　　　　　　B. *

　　C. ERROR！　　　　　　　D. #

58. 在 Excel 中，下列_____是正确的区域表示法。

　　A. A1#D4　　　　　　　　B. A1..D5

　　C. A1:D4　　　　　　　　D. Al>D4

59. 若在工作表中选取一组单元格，则其中活动单元格的数目是_____。

　　A. 一行单元格　　　　　　B. 一个单元格

　　C. 一列单元格　　　　　　D. 被选中的单元格个数

60. 在 Excel 中，下列地址为相对地址引用的是_____。

　　A. F$1　　　　　　　　　B. $D2

　　C. D5　　　　　　　　　　D. E7

61. 利用 Excel 的自定义序列功能建立新序列，在输入的新序列各项之间要用_____加以分隔。

　　A. 全角分号　　　　　　　B. 全角逗号

　　C. 半角分号　　　　　　　D. 半角逗号

62. 在默认条件下，每一工作簿文件会打开_____个工作表文件，分别以"Sheet1""Sheet2"来命名。

　　A. 5　　　　　　　　　　　B. 10

　　C. 12　　　　　　　　　　 D. 3

63. 工作表是指由_____行和列构成的一个表格。

　　A. 16384，108　　　　　　B. 9192，256

　　C. 9192，108　　　　　　 D. 65536，256

64. 当鼠标移到自动填充句柄上，鼠标指针变为_____。

　　A. 双键头　　　　　　　　B. 白十字

　　C. 黑十字　　　　　　　　D. 黑矩形

65. 在"数字"工具栏中设有_____个按钮，可用来迅速完成对数字的格式化。

　　A. 4　　　　　　　　　　　B. 5

　　C. 6　　　　　　　　　　　D. 7

66. 在 Excel 中，错误值总是以_____开头。

　　A. $　　　　　　　　　　　B. #

　　C. ?　　　　　　　　　　　D. &

67. 在 Excel 中，设 G3 单元中的值为 0，G4 单元中的值为 FALSE，逻辑函数 =OR(AND (G3 = 0，G4)，NOT(G4))的值为_____。

　　A. 0　　　　　　　　　　　B. 1

　　C. TRUE　　　　　　　　　D. FALSE

68. 在 Excel 中，关于区域名字的论述不正确的是_____。

　　A. 同一个区域可以有多个名字

　　B. 一个区域名只能对应一个区域

　　C. 区域名可以与工作表中某一单元格地址相同

D. 区域的名字既能在公式中引用，也能作为函数的参数

69. 在 Excel 中，关于工作表区域的论述错误的是_____。

A. 区域名字不能与单元格地址相同

B. 区域地址由矩形对角的两个单元格地址之间加 ":" 组成

C. 在编辑栏的名称框中可以快速定位已命名的区域

D. 删除区域名，同时也删除了对应区域的内容

70. 用 Excel 可以创建各类图表，如条形图、柱形图等。为了显示数据系列中每一项占该系列数值总和的比例关系，应该选择哪一种图表？_____

A. 条形图
B. 柱形图

C. 饼图
D. 折线图

71. Windows Excel 是由_____公司研制的。

A. IBM
B. Adobe

C. Sun
D. Microsoft

72. 在 Excel 工作表单元格的字符串超过该单元格的显示宽度时，下列叙述中，不正确的是_____。

A. 该字符串可能占用其左侧单元格的显示空间全部显示出来

B. 该字符串可能占用其右侧单元格的显示空间全部显示出来

C. 该字符串可能只在其所在单元格的显示空间部分显示出来，多余部分被其右侧单元格中的内容覆盖

D. 该字符串可能只在其所在单元格的显示空间部分显示出来，多余部分被删除

73. 用 Excel 创建一个学生成绩表，要按照班级统计出某门课程的平均分，需要使用的方式是_____。

A. 数据筛选
B. 排序

C. 合并计算
D. 分类求和

74. 下列哪些不是 Excel 中常用的数据格式？_____

A. 分数
B. 科学记数法

C. 文字
D. 公式

75. 不属于 Excel 运算符的有_____。

A. 数学运算
B. 文字运算

C. 比较运算
D. 逻辑运算

76. 设 B3 单元中的数值为 20，在 C3、D4 单元格中分别输入=“B3”8 和=B3“8”，则_____。

　　A. C3 单元与 D4 单元格中均显示 28

　　B. C3 单元格中显示#VALUE!，D4 单元格中显示 28

　　C. C3 单元格中显示 20，D4 单元格中显示 8

　　D. C3 单元格中显示 20，D4 单元格中显示#VALUE！

77. 当删除行和列时，后面的行和列会自动向_____或_____移动。

　　A. 下、右　　　　　　　　　　B. 下、左

　　C. 上、右　　　　　　　　　　D. 上、左

78. 要清除单元格内容，可以使用_____键来清除。

　　A. <Delete>　　　　　　　　　B. <Backspace>

　　C. <Ctrl>　　　　　　　　　　D. <Shift>

79. 三维图表比二维图表具有更多的特征：图表中 X，Z 轴以及 Y，Z 轴组成的平面称_____。

　　A. 背景墙　　　　　　　　　　B. 基底

　　C. 直角坐标　　　　　　　　　D. 以上都不是

80. Excel 应用程序窗口最后一行称作状态行，Excel 准备接受输入的数据时，状态行显示_____。

　　A. 等待　　　　　　　　　　　B. 就绪

　　C. 输入　　　　　　　　　　　D. 编辑

81. 利用 Excel 编辑栏的名称框，不能实现_____。

　　A. 选定区域

　　B. 删除区域或单元格名称

　　C. 为区域或单元格定义名称

　　D. 选定已定义名称的区域或单元格

82. 如果在工作簿中既有一般工作表又有图表，当执行“文件”“保存”命令时，Excel 将_____。

　　A. 只保存其中的工作表

　　B. 只保存其中的图表

　　C. 把一般工作表和图表保存到一个文件中

D. 把一般工作表和图表分别保存到两个文件中

83. 可以选择_____菜单的"拼写检查"选项开始拼写检查。

A. "开始"　　　　　　B. "插入"

C. "文件"　　　　　　D. "审阅"

84. 用_____，使该单元格显示 0.5。

A. 3/6　　　　　　　　B. "3/6"

C. = "3/6"　　　　　 D. = 3/6

85. 在 Excel 工作表中，如未特别设定格式，则文字数据会自动_____对齐。

A. 靠左　　　　　　　B. 靠右

C. 居中　　　　　　　D. 随机

86. 在 Excel 工作表中，如未特别设定格式，则数值数据会自动_____对齐。

A. 靠左　　　　　　　B. 靠右

C. 居中　　　　　　　D. 随机

87. 在 Excel 中，当用户使用多个条件查找符合条件的记录数据时，可以使用逻辑运算符，AND 的功能是_____。

A. 查找的数据必须符合所有条件

B. 查找的数据至少符合一个条件

C. 查找的数据至多符合所有条件

D. 查找的数据不符合任何条件

88. _____菜单中的命令能用于打印工作表的多份打印件。

A. "文件"　　　　　　B. "开始"

C. "插入"　　　　　　D. "页面布局"

89. 在"数据"工具栏上有_____个按钮，利用它们可以进行迅速排序。

A. 2　　　　　　　　　B. 3

C. 4　　　　　　　　　D. 5

90. 下列_____方法，不能退出 Excel。

A. 选择"文件"菜单中的"退出"命令

B. 双击窗口左上角的控制菜单框

C. 单击窗口左上角的控制菜单框

D. 按<Alt + F4>键

91. 选取区域 A1:B5 并单击工具栏中的"格式刷"按钮，然后选中 C3 单元，则区域 Al:B5 的格式被复制到_____中。

    A. 单元 C3　　　　　　　　　B. 区域 C3:C8

    C. 区域 C3:D7　　　　　　　　D. 区域 C3:D3

92. 在 Excel 中，若想输入当天日期，可以通过下列哪个组合键快速完成？_____

    A. <Ctrl + A>　　　　　　　　B. <Ctrl + ；>

    C. <Ctrl + Shift + A>　　　　D. <Ctrl + Shift + ；>

93. 在 Excel 中，对于单一的工作表，可以使用_____来移动画面。

    A. 滚动条　　　　　　　　　　B. 状态栏

    C. 标尺　　　　　　　　　　　D. 任务栏

94. 在 Excel 中，若要把工作簿保存在磁盘上，可按_____键。

    A. <Ctrl + A>　　　　　　　　B. <Ctrl + S>

    C. <Shift + A>　　　　　　　D. <Shift + S>

二、多选题

1. 以下关于 Excel 电子表格软件，叙述正确的有_____。

    A. 可以有多个工作表

    B. 只能有一个工作表

    C. 可以有多个工作表和独立图表

    D. Excel 是 Microsoft 公司开发的

2. Excel 文档，可转化为如下哪些格式？_____

    A. *.TXT　　　　　　　　　　B. *.DBF

    C. *.HTML　　　　　　　　　D. *.DOC

3. 以下为 Excel 中合法的数值型数据的有_____。

    A. 3.14　　　　　　　　　　　B. 12000

    C. ￥12000.45　　　　　　　D. 56%

4. 在选定区域内，以下哪些操作可以将当前单元格的上边单元格变为当前单元格？_____

    A. 按<↑>键　　　　　　　　　B. 按<↓>键

    C. 按<Shift + Tab>键　　　　D. 按<Shift + Enter>键

5. 在工作表中建立函数的方法有_____。

    A. 直接在单元格中输入函数

    B. 直接在编辑栏中输入函数

    C. 利用工具栏上的函数工具按钮

    D. 利用工具栏上的函数指南按钮

6. Excel 工作表进行保存时，可以存为_____类型的文件。

    A. 一般工作表文件，扩展名为 ".XLS"

    B. 文本文件，扩展名为 ".TXT"

    C. dBase 文件，扩展名为 ".DBF"

    D. Lotus1-2-3 文件，扩展名为 ".WKI"

7. 向单元格中输入日期，下列格式正确的是_____。

    A. 2022-2-21　　　　　　B. 2/21

    C. 2-21　　　　　　　　　D. 21-FEB

8. 退出 Excel，可用下列哪些方法？_____

    A. 单击菜单栏上的 "文件/关闭" 按钮

    B. 双击标题栏的 "程序控制" 按钮

    C. 单击标题栏的 "关闭" 按钮

    D. 用键盘组合键<Alt + F4>

9. 下列哪些方法可把 Excel 文档插入到 Word 文档中？_____

    A. 复制　　　　　　　　B. 利用剪贴板

    C. 插入/对象　　　　　　D. 不可以

10. 在 Excel 中，有关对齐的说法，正确的是_____。

    A. 在默认情况下，所有文本在单元格中均左对齐

    B. Excel 允许用户改变单元格中数据的对齐方式

    C. 默认情况下 Excel 中所有数值型数据均右对齐

    D. Excel 中所有数值型数据均左对齐

三、判断题

1. 在 Excel 工作表中可以完成超过三个关键字的排序。（　　　）

2. 退出中文 Excel 可利用 "系统控制菜单"，只要先存储现有工作文件，然后单

击"系统控制菜单"中的"关闭"命令。(　　)

3. Excel 除了可用工具栏来改变数据的格式外，选择"格式"菜单的"单元格格式"选项同样可以改变数据的格式。(　　)

4. 在数值型数据中不能包含任何大小写英文字母。(　　)

5. 向 Excel 工作表中输入文本数据，若文本数据全由数字组成，应在数字前加一个西文单引号。(　　)

6. 在工作表窗口中的工具栏中有一个"Σ"自动求和按钮。实际上它代表了工作函数中的"SUM()"函数。(　　)

7. 在 Excel 中，可以输入的文本为数字、空格和非数字字符的组合。(　　)

8. Excel 提供了三种建立图表的方法。(　　)

9. Excel 工作簿只能有 1 至 255 个工作表。(　　)

10. 如果输入单元格中数据宽度大于单元格的宽度时，单元格将显示为"######"。(　　)

11. 工作表是 Excel 的主体部分，共有 65 536 行，256 列，因此，一张工作表共有 65 536 × 256 个单元格。(　　)

12. 启动 Excel，会自动产生名为"BOOK1. XLS"的工作簿文件。(　　)

13. 工作表中的列宽和行高是固定不变的。(　　)

14. 同 Windows 其他应用程序一样，Excel 中必须先选择操作对象，然后才能进行操作。(　　)

15. Excel 单元格中的数据可以水平居中，但不能垂直居中。(　　)

16. 中文 Excel 要改变工作表的名字，只需单击选中的工作表的标签，此时屏幕显示一个对话框，在其中的"名称框"中输入新的名字，按下"确定"按钮后即可。(　　)

17. Excel 没有自动填充和自动保存功能。(　　)

18. 中文 Excel 中要在 A 驱动器存入一个文件，从"另存为"对话框的保存位置下表框中选"A:"。(　　)

19. 当选择"文件"菜单的打印预览选项，或用鼠标单击"常用"工具栏的"打印预览"按钮，Excel 将显示"打印预览"窗口。(　　)

20. 要启动 Excel 只能通过"开始"按钮。(　　)

21. 要建立一个模板，可以用常用工具栏的"新建"按钮。(　　)

22. 单元格太窄不能显示数字时，Excel 在单元格内显示问号。(　　)

23. Excel 中提供了输入项前添加"'"的方法来区分是"数字字符串"而非"数字"数据。（　　）

24. 在 Excel 中不仅可以进行算术运算，还提供了可以操作文字的运算。（　　）

25. "编辑"菜单中的"粘贴"命令可将剪贴板上的内容放入到工作表内。（　　）

四、填空题

1. Excel 单元格的默认宽度为＿＿＿＿个字符。

2. 若 A1 单元格为文本数据 1，A2 单元格为逻辑值 TRUE，则 SUM(A1:A2，2)=＿＿＿＿。

3. 一个 Excel 工作簿最多有＿＿＿＿个工作表。

4. 用快捷键退出 Excel 的按键是＿＿＿＿键。

5. Excel 允许用户改变文本的颜色。先选择想要改变文本颜色的单元格或区域，然后单击"格式"工具栏的"＿＿＿＿"按钮。

6. 单元格的引用有相对引用、绝对引用、＿＿＿＿，如：B2 属于＿＿＿＿。

7. 在 Excel 中输入文字时，默认对齐方式是：单元格内靠＿＿＿＿对齐。

8. 在 Excel 单元格中，输入由数字组成的文本数据，应在数字前加＿＿＿＿。

9. 在 A1 至 A5 单元格中求出最小值，应用函数＿＿＿＿。

10. 在 Excel 中除了直接在单元格中编辑内容，还可以使用＿＿＿＿进行编辑。

五、上机操作

1. 在 Excel 中建立如示例所示的表格，练习以下操作。

	A	B	C	D	E	F
1	特长班期末综合成绩					
2	序号	姓名	性别	学号	专业	成绩
3	1	杨波	男	130017	体育	92
4	2	王鑫	男	130028	艺术	88
5	3	刘慧高	女	145210	舞蹈	91
6	4	吕行家	男	130027	地理	89
7	5	李婉儿	女	131029	艺术	95
8	6	王超	男	130026	武术	95
9						

(1) 软件的打开、保存等操作。

(2) 数值输入、格式设置等操作。

(3) 插入/删除等操作。

(4) 基本公式的使用。

(5) 单元格数据格式、边框、底纹等设置。

(6) 基本函数的使用。

(7) 绘图工具的使用及图表的格式设置。

(8) 文件的页面设置、打印设置等操作。

2. 在 Excel 中建立如示例所示的表格，并利用 Excel 的函数、图表进行分析操作。

	A	B	C
1	第1季度消费明细		
2	月份	类别	金额
3	1月	交通	174
4	1月	日常用品	1235
5	1月	住宅	1175
6	1月	娱乐	1000
7	2月	交通	215
8	2月	日常用品	1240
9	2月	住宅	1225
10	2月	娱乐	1125
11	3月	交通	190
12	3月	日常用品	1260
13	3月	住宅	1200
14	3月	娱乐	1320
15			

(1) 排序操作。

(2) 筛选操作。

(3) 分级显示。

(4) 使用透视图表进行数据分析。

【上机操作提示 1】

1. 打开 Excel 软件

在"开始"菜单中按照"所有程序→Microsoft Offifice→Excel"顺序即可打开 Excel，软件启动后会自动打开一个空白的 Excel 文档。

2. 输入数据

1) 插入/删除行

在行编号上单击鼠标右键，选择"插入"，即可插入行。若要删除行，在行编号上单击鼠标右键，选择"删除"，即可删除行。

2) 插入/删除列

在列编号上单击鼠标右键，选择"插入"，即可插入列。若要删除列，在列编号上单击鼠标右键，选择"删除"，即可删除列。

3) 隐藏/取消隐藏行

在需要隐藏的行号上单击鼠标右键，选择"隐藏"，即可隐藏指定的行。若要取消隐藏，则只需要在隐藏的行号位置处单击鼠标右键，选择"取消隐藏"即可。

4) 隐藏/取消隐藏列

在需要隐藏的列号上单击鼠标右键，选择"隐藏"，即可隐藏指定的列；若要取消隐藏，则只需要在隐藏的列号位置处单击鼠标右键，选择"取消隐藏"即可。

5) 复制/粘贴/删除单元格

按住鼠标左键并拖动即可选中工作表中的一片数据区域，单击鼠标右键，选择"复制"即可完成对选中单元格的复制。在选中数据区域后，使用快捷键<Ctrl + C>也可完成单元格的复制。

单元格复制完成后即可进行粘贴。粘贴时，需要选定粘贴的位置(可以是一个单元格，也可以是一片区域)，单击鼠标右键，选择"粘贴"即可完成对复制单元格的粘贴。选定粘贴位置后，也可直接使用快捷键<Ctrl + V>完成粘贴。

选中单元格区域后，直接按 Delete 键即可实现对选定单元格数据的删除。

若要对工作表中的某一行进行复制，则只需要在该行的行号上单击鼠标左键进行内容选中，然后单击鼠标右键选择"复制"(或直接使用快捷键<Ctrl + C>)即可完成对该行的复制。选定需要粘贴的位置，单击鼠标右键选择"粘贴"(或直接使用快捷键<Ctrl + V>)即可完成对该行的粘贴。若要删除某一行，在该行行号上单击鼠标左键选中该行，按<Delete>键即可直接删除该行。

6) 快速换行

在使用 Excel 制作表格时经常会遇到需要在一个单元格输入一行或几行文字的情况，如果输入一行后按回车键就会移到下一单元格，而不是换行，有一个简便实用的操作方法可以实现换行：在选定单元格输入第一行内容后，在换行处按<Alt + Enter>键，即可输入第二行内容，再按<Alt + Enter>键输入第三行，以此类推。

按照上面的提示在 Excel 表中插入示例中的内容。

3. 单元格格式设置

1) 设置单元格数字显示方式

在 Excel 中输入位置较多的数字时，软件经常会以科学记数法或另一种无法识别的字符进行显示。例如，在单元格中输入数字"23214124214124200"，默认显示的是"2.32141E + 16"，显然，这样不便于识读。在"开始"菜单栏的"数字"下拉菜单中选择"文本"即可显示便于识读的数字。

数字的显示设置，也可以在单元格上单击鼠标右键(或直接单击菜单栏"开始→数字"工具选项卡的图标)，选择"设置单元格格式"，在弹出的"设置单元格格式"对话框中进行设置。

2) 设置单元格对齐方式

Excel 工作表中单元格的对齐方式有多种样式可供选择，例如左对齐、右对齐、居中、两端对齐等，设置单元格的对齐方式时，先要选中要设置格式的单元格对象，选中对象的方式主要有以下几种：

① 按住鼠标拖动，选中一片单元格区域；

② 用鼠标左键单击行号，选中一行；

③ 用鼠标左键单击列号，选中一列；

④ 用鼠标左键单击工作表的左上角，选中整个工作表。

选中对象后，在菜单栏上选择"开始"在"对齐方式"工具栏中可对选中的单元格进行对齐方式的快速设置。单击"对齐方式"工具栏的扩展按钮˩可打开单元格格式设置对话框，可对对齐方式进行进一步详细设置。

3) 设置字体

选中要设置格式的单元格对象，在菜单栏上选择"开始"，在"字体"工具栏中可对选中的单元格进行字体的快速设置，单击"对齐方式"工具栏的扩展按钮˩可打开单元格格式设置对话框，可对字体进行进一步详细设置。字体设置包括文字字体、字号、加粗、斜体、颜色、上/下标等。

4) 设置边框和底纹

默认情况下 Excel 的表格是没有边框和底纹的，这样的表格在纸上打印出来时不美观，必要时，可给表格设置边框和底纹。选中单元格对象后，在菜单栏中选择"开始"，在"字体"工具栏中单击边框设置图标⊞即可对边框的样式进行设置，也可在单元格格式设置对话框的"边框"选项卡中进行设置。

在菜单栏中选择"开始",在"字体"工具栏中单击底纹设置图标 即可对底纹的样式进行设置,也可在单元格格式设置对话框的"填充"选项卡中进行设置。

5) 设置行高和列宽

在工作表行号上单击鼠标右键,选择"行高"可对表格的行高进行设置;在工作表列号上单击鼠标右键,选择"列宽"可对表格的列宽进行设置。

6) 合并单元格

选中要合并的单元格,在菜单栏中选择"开始",在"对齐方式"工具栏中单击回图标即可进行单元格的合并。

参照上述提示,对表格进行如下设置:

对齐方式:居中;

中文字体:宋体,16 号;

数字字体:Times New Roman,16 号;

学号列格式:设置为文本;

序号:采用自动填充方式,从 1 开始;

标题:在序号前插入空白行,并合并单元格,输入示例的标题内容,字体为 26 号,黑体;

行高:25 磅;

边框和底纹:为所有文字区域设置边框,并为标题设置底纹。

4. 数据分析

1) 数据排序

当对工作表中的信息进行排序时,可以按自己需要的方式查看数据并快速查找值。可以对某个数据区域或数据表格在一个或多个数据列中的数据进行排序,例如,可以先按部门再按姓氏对员工进行排序。

进行数据排序时,先选中要进行排序的数据区域,然后单击"数据"菜单栏中的"排序"选项即可打开"排序"对话框,在对话框中选择排序关键字、排序方式即可实现对选定数据区域的排序。

2) 数据筛选

数据筛选是数据表格管理的一个常用项目和基本技能,通过数据筛选可以快速定位符合特定条件的数据，方便使用者第一时间获取第一手需要的数据信息。

进行数据筛选时，先要选定要筛选的区域，然后单击"数据"菜单栏中的"筛选"选项，此时选中区域的第一栏各项关键字会出现下拉箭头，点击下拉箭头就可打开筛选选择项，在选择框中选中需要筛选的内容，单击"确定"即可完成筛选。

3) 条件格式

选中要使用条件格式的单元格对象，在"开始"菜单栏中选择"条件格式"选项，即可在下拉菜单中选择条件格式的形式。

如果要取消条件格式，则只需在菜单栏中按照"开始→条件格式→消除规划"顺序操作即可。

按上述提示，对表格中的数据进行如下操作：

排序：按成绩由高到低进行排序；

筛选：将性别为男的所有数据筛选出来；

标记：使用条件格式的功能将所有成绩大于 90 分的进行标记。

5. 绘图

1) 图表的插入

选中数据区域，在"插入"菜单栏中选择"图表"选项，然后在弹出的对话框中选择需要的图表类型，即可完成图表的插入。

2) 图表的修饰

图表插入后，鼠标单击图表即可打开"设计"工具栏。可对图表的标题、坐标轴名称、布局、配色等进行设置。

按上述提示，进行如下绘图操作：

对成绩进行绘图，并且采用折线图、散点图、柱状图等不同形式，并比较不同图形的不同特点；

对绘制的图表进行编辑，设置标题、坐标名称及字体、颜色等格式，改变坐标刻度显示范围、绘图区域范围等，体会对图表的修改技巧。

6. 打印设置

在"文件"菜单栏中选择"打印"即可进行打印预览和打印设置，左侧为打印设置区域，右侧为打印预览区域。

单击"页面设置"，可对打印的页面边距、纸张、打印质量等参数进行设置。

如果想一次打印工作簿内的所有工作表，可在打印设置中选择"打印整个工作簿"。该方法可以方便地一次打印多个文档，如果工作簿内有少量工作表不需要打印时，将该工作表隐藏即可，隐藏工作表的方法为：在要隐藏的工作表标签上单击鼠标右键，选择"隐藏"。

若要撤销隐藏，在任一工作表标签上单击鼠标右键，选择"取消隐藏"，然后在弹出的对话框中选择要撤销隐藏的工作表即可。

根据以上提示，练习如下操作：

开启打印预览，设置打印区域，观察打印的效果；

在有条件的情况下连接打印机进行打印，练习单页／多页打印、单份／多份打印、隐藏部分表格进行连续打印等操作，体会不同的打印效果。

7. 保存

在菜单栏上单击保存按钮 ⊟，或使用快捷键<Ctrl + S>，或选择"文件→保存/另存为"，即可进入 Excel 文档的保存界面，在弹出的对话框中选择保存的位置和名称即可完成文档的保存。

按照以上提示，将文件保存成：

路径：D 盘根目录；

文件名称：Excel 练习；

保存类型：Excel 工作簿。

【上机操作提示 2】

1. 新建空白工作簿

工作簿的创建可以在 Excel 软件启动时进行，也可在 Excel 进入工作状态后的任意时刻进行。在"文件"菜单栏中选择"新建"选项即可进入创建工作簿界面。用户可以选择创建空白工作簿或利用模板进行创建。

根据提示创建一个新的空白工作簿。

2. 输入内容

参照第一例的操作提示输入示例中的内容。

3. 格式设置

参照第一例的操作进行格式设置：

标题：黑体，26 号；

表格中文内容：宋体，16 号；

表格西文内容：Times New Roman，16 号；

边框和底纹：为表格区域设置边框，为标题设置底纹。

4. 数据分析

1) 创建行的分级显示

选中要创建分级显示的行，在菜单栏中按照"数据→分级显示→创建组"的顺序操作，在弹出的对话框中选择"行"即可创建行的分级显示。单击左上角的数字"1、2、3"可进行不同级的显示和隐藏。

如果要取消行的分级显示，选中要取消分级显示的行，在菜单栏中按照"数据→分级显示→取消组合"的顺序操作，在弹出的对话框中选择"行"即可取消行的分级显示。

2) 创建列的分级显示

选中要创建分级显示的列，在菜单栏中按照"数据→分级显示→创建组"的顺序操作，在弹出的对话框中选择"列"即可创建列的分级显示。单击左上角的数字"1、2"可进行不同级的显示和隐藏。

如果要取消列的分级显示，选中要取消分级显示的列，在菜单栏中按照"数据→分级显示→取消组合"的顺序操作，在弹出的对话框中选择"列"即可取消列的分级显示。

3) 使用切片器观察数据

切片器能够更快且更容易地筛选表、数据透视表、数据透视图和多维数据集函数。选中透视表，在菜单栏中按照"插入→筛选器→切片器"的顺序操作，在弹出的切片器设置对话框中选择关键字段，单击"确定"按钮即可实现对透视表的内容筛选与观察。

4) 使用透视图分析数据

透视图能更直观地展示数据之间的对比关系，选中透视表，在菜单栏中按照"分析→工具→数据透视图"的顺序操作，在弹出的透视图设置对话框中选择具体的图形形式，单击"确定"按钮即可实现对透视表的透视图显示。

根据上述提示，对表格进行如下操作练习：

排序操作：按数据从高到低的方式对第一季度的消费进行排序；

筛选操作：将第一季度所有娱乐消费筛选出来；

分级显示：练习表格的按行分级显示与按列分级显示操作；

使用透视图表进行数据分析：使用切片图、透视图表对表格的数据进行分析。

项目 4　演示文稿软件 PowerPoint 习题

一、单选题

1. 下列关于 PowerPoint 窗口中布局情况，符合一般情况的是_____。

    A. 菜单栏在工具栏的下方　　　　B. 状态栏在最上方

    C. 幻灯片区在大纲区的左边　　　D. 标题栏在窗口的最上方

2. 利用 PowerPoint 制作幻灯片时，幻灯片在哪个区域制作？_____

    A. 状态栏　　　　　　　　　　　B. 幻灯片区

    C. 大纲区　　　　　　　　　　　D. 备注区

3. PowerPoint 窗口区一般分为_____大部分。

    A. 5　　　　　　　　　　　　　　B. 6

    C. 7　　　　　　　　　　　　　　D. 8

4. 在 PowerPoint 窗口中，如果同时打开两个 PowerPoint 演示文稿，会出现_____情况。

    A. 同时打开两个重叠的窗口

    B. 打开第一个时，第二个被关闭

    C. 当打开第一个时，第二个无法打开

    D. 执行非法操作，PowerPoint 将被关闭

5. 下面的选项中，不属于 PowerPoint 的窗口部分的是_____。

    A. 幻灯片区　　　　　　　　　　B. 大纲区

    C. 备注区　　　　　　　　　　　D. 播放区

6. PowerPoint 窗口中，下列选项不属于工具栏的是_____。

    A. "打开"　　　　　　　　　　　B. "粘贴"

    C. "复制"　　　　　　　　　　　D. "插入"

7. PowerPoint 窗口中，在下拉菜单中，一般不属于菜单栏的是_____。

A. "开始"　　　　　　　　　B. "视图"

C. "程序"　　　　　　　　　D. "设计"

8. 在 PowerPoint 的窗口中，无法改变各个区域的大小。这一说法_____。

　　A. 正确　　　　　　　　　B. 错误

9. 下列关于 PowerPoint 的说法，正确的是_____。

　　A. PowerPoint 是 IBM 公司的产品

　　B. PowerPoint 只能双击演示文稿文件打开

　　C. 打开 PowerPoint 有多种方法

　　D. 关闭 PowerPoint 时一定要保存对它的修改

10. 关闭 PowerPoint 时会提示是否要保存对 PowerPoint 的修改，如果需要保存该修改，应选择_____。

　　A. "是"　　　　　　　　　B. "否"

　　C. "取消"　　　　　　　　D. 不予理睬

11. PowerPoint 是下列哪个公司的产品？_____

　　A. IBM　　　　　　　　　B. Microsoft

　　C. 金山　　　　　　　　　D. 联想

12. 运行 PowerPoint 时，在"开始"菜单中选择_____。

　　A. "搜索项"　　　　　　　B. "文档项"

　　C. "设置项"　　　　　　　D. "程序项"

13. 关闭 PowerPoint 时，如果不保存修改过的文档，会有什么后果？_____

　　A. 系统会发生崩溃

　　B. 刚刚修改过的内容将会丢失

　　C. 下次 PowerPoint 无法正常启动

　　D. 硬盘产生错误

14. 运行 PowerPoint 时，在程序菜单中选择_____。

　　A. Microsoft Outlook　　　B. Microsoft PowerPoint

　　C. MicrosoftWord　　　　　D. Microsoft Offifice 工具

15. 关闭 PowerPoint 的正确操作应该是_____。

　　A. 关闭显示器

　　B. 拔掉主机电源

C. 按<Ctrl + Alt + Del>键重启计算机

D. 按下 PowerPoint 标题栏右上角的关闭按钮

16. PowerPoint 中，_____模式可以实现在其他视图中可实现的一切编辑功能。

A. 普通视图　　　　　　　　　　B. 大纲视图

C. 阅读视图　　　　　　　　　　D. 幻灯片浏览视图

17. 关于 PowerPoint 中的视图模式，下列选项中正确的是_____。

A. 大纲视图是默认的视图模式

B. 普通视图主要显示主要的文本信息

C. 幻灯片浏览视图最适合组织和创建演示文稿

D. 幻灯片放映视图用于查看幻灯片的播放效果

18. PowerPoint 中，采用_____模式最适合组织和创建演示文稿。

A. 普通视图　　　　　　　　　　B. 大纲视图

C. 幻灯片浏览视图　　　　　　　D. 幻灯片放映视图

19. PowerPoint 中，各种视图模式的切换"快捷键"按钮在 PowerPoint 窗口的_____。

A. 左上角　　　　　　　　　　　B. 右上角

C. 左下角　　　　　　　　　　　D. 右下角

20. PowerPoint 中，_____主要显示主要的文本信息。

A. 普通视图　　　　　　　　　　B. 大纲视图

C. 阅读视图　　　　　　　　　　D. 幻灯片浏览视图

21. PowerPoint 中，_____模式用于查看幻灯片的播放效果。

A. 大纲视图　　　　　　　　　　B. 普通视图

C. 幻灯片浏览视图　　　　　　　D. 阅读视图

22. PowerPoint 中，_____用于对幻灯片的编辑。

A. 大纲视图　　　　　　　　　　B. 普通视图

C. 幻灯片浏览视图　　　　　　　D. 阅读视图

23. PowerPoint 总共提供_____种视图模式。

A. 4　　　　　　　　　　　　　　B. 5

C. 6　　　　　　　　　　　　　　D. 7

24. 有关创建新的 PowerPoint 幻灯片的说法，错误的是_____。

A. 可以利用空白演示文稿来创建

B. 在演示文稿类型中，只能选择成功指南

C. 演示文稿的输出类型应根据需要选定

D. 可以利用内容提示向导来创建

25. 用内容提示向导来创建 PowerPoint 演示文稿时，如果幻灯片是在屏幕演示，应该选择_____输出方式。

A. 屏幕演示文稿   B. Web 演示文稿

C. 黑色投影机   D. 彩色投影机

26. 创建新的 PowerPoint 一般使用_____。

A. 内容提示向导   B. 设计模版

C. 空演示文稿   D. 打开已有的演示文稿

27. 用内容提示向导来创建 PowerPoint 演示文稿时，要想选到"项目总结"就必须选择_____。

A. 企业   B. 项目

C. 销售/市场   D. 成功指南

28. 用内容提示向导来创建 PowerPoint 演示文稿时，"在每张幻灯片都包含的对象"，关于"页脚"对话框中内容的说法，正确的是_____。

A. 必须要填写页脚   B. 一定不能填写页脚

C. 可以填也可以不填   D. 根本没有这个窗口

29. 用内容提示向导来创建 PowerPoint 演示文稿，下列选项中_____不属于演示文稿类型。

A. 企业   B. 项目

C. 成功指南   D. 服装设计

30. 用内容提示向导来创建 PowerPoint 演示文稿时，演示文稿的标题填在_____。

A. 页脚栏中   B. 添加

C. 演示文稿标题栏中   D. 输出类型

31. 如果要对一个"动作按钮"设定大小，该如何操作？_____

A. 在"幻灯片放映"中选择"动作按钮"，出现"设置按钮大小"的对话框

B. 在"幻灯片放映"中选择"动作按钮"，单击一种动作按钮，在幻灯片中按

住鼠标左键不放，拖出想要按钮的大小

    C. 在"幻灯片放映"中选择"动作按钮"，单击一种"动作按钮"弹出一个

        "设置按钮大小"的对话框设定大小

    D. 以上操作都不正确

32. PowerPoint 中，如果想要把文本插入到某个占位符，正确的操作是_____。

    A. 单击标题占位符，将插入点置于占位符内

    B. 单击菜单栏中"插入"按钮

    C. 单击菜单栏中"粘贴"按钮

    D. 单击菜单栏中"新建"按钮

33. PowerPoint 中，在幻灯片的占位符中添加标题文本的操作在 PowerPoint 窗口_____区域。

    A. 幻灯片区　　　　　　　B. 状态栏

    C. 大纲区　　　　　　　　D. 备注区

34. 如果要建立一个指向某一个程序的"动作按钮"，应该使用"动作设置"对话框中的_____命令。

    A. "无动作"　　　　　　　B. "运行对象"

    C. "运行程序"　　　　　　D. "超级链接到"

35. PowerPoint 中，有关在幻灯片的占位符中添加文本的方法，错误的是_____。

    A. 单击标题占位符，将插入点置于该占位符内

    B. 在占位符内，可以直接输入标题文本

    C. 文本输入完毕，单击幻灯片旁边的空白处就行了

    D. 文本输入中不能出现标点符号

36. PowerPoint 中，在占位符添加完文本后，怎样使操作生效？_____

    A. 按<Enter>键　　　　　　B. 单击幻灯片的空白区域

    C. 单击"保存"　　　　　　D. 单击"撤销"

37. PowerPoint 中，用"文本框"工具在幻灯片中添中文本时，如果想使插入的文本框竖排，应该_____。

    A. 默认的格式就是竖排

    B. 不可能竖排

C. 选择文本框下拉菜单中的"水平项"

D. 选择文本框下拉菜单中的"垂直项"

38. 以下关于设置一个链接到另一张幻灯片的按钮的操作正确的是_____。

A. 在"动作按钮"中选择一个按钮，并在"动作设置"对话框中的"超级链接到"中选择"幻灯片"，并在随即出现的对话框中选择想要的幻灯片，单击"确定"按钮

B. 在"动作按钮"中选择一个按钮，并在"动作设置"对话框中的"超级链接到"中选择"下一张"，单击"确定"按钮

C. 在"动作按钮"中选择一个按钮，并在"动作设置"对话框中的"超级链接到"中直接键入想要链接的幻灯片名称，单击"确定"按钮

D. 在"动作按钮"中选择一个按钮，并在"动作设置"对话框中的"运行程序"中直接键入你要链接的幻灯片的名称，单击"确定"按钮

39. PowerPoint 中，欲在幻灯片中添加文本，在菜单栏中要选择_____菜单。

A. "视图"　　　　　　B. "插入"

C. "开始"　　　　　　D. "设计"

40. PowerPoint 中，用文本框在幻灯片中添加文本时，在"插入"下拉菜单中应选择_____。

A. "图片"　　　　　　B. "文本框"

C. "对象"　　　　　　D. "表格"

41. PowerPoint 中，用文本框工具在幻灯片中添加图片操作，何时表示可添加文本？_____

A. 状态栏出现可输入字样

B. 主程序发出音乐提示

C. 在文本框中出现一个闪烁的插入点

D. 文本框变成高亮度

42. 如果要将同一种切换效果应用于全部幻灯片，则可执行编辑菜单中的_____命令。

A. "剪切"　　　　　　B. "复制"

C. "全选"　　　　　　D. "粘贴"

43. 设置幻灯片的切换效果需要用什么命令？_____

A. "视图"菜单中的"普通"命令

B. "视图"菜单中的"幻灯片浏览"命令

C. "切换"菜单中的"效果选项"命令

D. "视图"菜单中的"切换窗口"命令

44. PowerPoint 中,用"文本框"工具在幻灯片中添加图片操作时,怎样表示文本框已经插入成功?＿＿＿＿＿

A. 在幻灯片上出现一个具有虚线的边框

B. 幻灯片上出现成功标志

C. 主程序发出音乐声

D. 在幻灯片上出现一个具有实线的边框

45. PowerPoint 中,怎样在自选的图形上添加文本?＿＿＿＿＿

A. 鼠标右键单击插入的图形,再选择"添加文本"即可

B. 直接在图形上编辑

C. 另存到图像编辑器编辑

D. 用粘贴在图形上加文本

46. PowerPoint 中,在幻灯片的占位符中添加的文本有什么要求?＿＿＿＿＿

A. 只要是文本形式就行

B. 文本中不能含有数字

C. 文本中不能含有中文

D. 文本必须简短

47. PowerPoint 中,用自选图形在幻灯片中添加文本时,在菜单栏中选＿＿＿＿＿菜单开始。

A. "视图"　　　　　B. "插入"

C. "开始"　　　　　D. "设计"

48. PowerPoint 中,用自选图形在幻灯片中添加文本时,在图片的级联菜单中应选择＿＿＿＿＿项。

A. "剪贴画"　　　　B. "来自文件"

C. "自选图形"　　　D. "艺术字"

49. PowerPoint 中,用自选图形在幻灯片中添加文本时,当选定一个自选图形时,怎样表示可以在图片上编辑文本了?＿＿＿＿＿

A. 文本框中出现一个闪烁的插入点

B. PowerPoint 程序给出语音提示

C. 文本框变成虚线

D. 文本框在闪烁

50. PowerPoint 中，用自选图形在幻灯片中添加文本时，当选定一个自选图形时，怎样使它贴到幻灯片中？_____

A. 用鼠标右键双击选中的图形

B. 选择所需的自选图形，在幻灯片上拖拉一个方框就行了

C. 选中图形按"复制"，再按"粘贴"

D. 选择图片旁下拉菜单中的"剪贴画"

51. PowerPoint 中，选择幻灯片中的文本时，单击文本区，会出现下列哪种结果？_____

A. 文本框会闪烁　　　　　　　　B. 文本框变成黑色

C. 会显示出文本区控制点　　　　D. Windows 发出响声

52. PowerPoint 中，选择幻灯片中的文本时，文本区控制点是指_____。

A. 文本框的控制点　　　　　　　B. 文本的起始位置

C. 文本的结束位置　　　　　　　D. 文本的起始位置和结束位置

53. PowerPoint 中，选择幻灯片中的文本时，应该用鼠标怎样操作？_____

A. 用鼠标选中文本框，再按"复制"

B. 在编辑菜单栏中选择"全选"菜单

C. 将鼠标点在所要选择的文本的前方，按住鼠标右键不放并拖动至所要位置

D. 将鼠标点在所要选择的文本的前方，按住鼠标左键不放并拖动至所要位置

54. PowerPoint 中，有关选择幻灯片的文本叙述，错误的是_____。

A. 单击文本区，会显示文本控制点

B. 选择文本时，按住鼠标左键不放并拖动鼠标

C. 文本选择成功后，所选幻灯片中的文本变成反白

D. 文本不能重复选定

55. PowerPoint 中，选择幻灯片中的文本时，怎样表示文本选择已经成功？_____

A. 所选的文本闪烁显示　　　　　B. 所选幻灯片中的文本变成反白

C. 文本字体发生明显改变　　　　D. 状态栏中出现成功字样

56. PowerPoint 中，移动文本时，如果在两个幻灯片上移动会有什么后果？_____

　　A. 操作系统进入死锁状态　　　　　B. 文本无法复制

　　C. 文本复制正常　　　　　　　　　D. 文本会丢失

57. PowerPoint 中，要将剪贴板上的文本插入到指定文本段落，下列操作中可以实现的是_____。

　　A. 将光标置于想要插入的文本位置，单击工具栏中的"粘贴"按钮

　　B. 将光标置于想要插入的文本位置，单击菜单中"插入"按钮

　　C. 将光标置于想要插入的文本位置，使用快捷键<Ctrl + C>

　　D. 将光标置于想要插入的文本位置，使用快捷键<Ctrl + T>

58. 在 PowerPoint 中，要将所选的文本存入剪贴板上，下列操作中无法实现的是_____。

　　A. 单击"编辑"菜单中的"复制"　　B. 单击工具栏中的"复制"按钮

　　C. 使用快捷键<Ctrl + C>　　　　　D. 使用快捷键<Ctrl + T>

59. PowerPoint，下列有关移动和复制文本叙述中，不正确的是_____。

　　A. 文本在复制前，必须先选定　　　B. 文本复制的快捷键是<Ctrl + C>

　　C. 文本的剪切和复制没有区别　　　D. 文本能在多张幻灯片间移动

60. PowerPoint 中，移动文本时，剪切和复制的区别在于_____。

　　A. 复制时将文本从一个位置搬到另一个位置，而剪切时原文本还存在

　　B. 剪切时将文本从一个位置搬到另一个位置，而复制时原文本还存在

　　C. 剪切的速度比复制快

　　D. 复制的速度比剪切快

61. PowerPoint 中，粘贴的快捷键是下列选项中的哪一个？_____

　　A. <Ctrl + C>　　　　　　　　　　B. <Ctrl + P>

　　C. <Ctrl + X>　　　　　　　　　　D. <Ctrl + V>

62. PowerPoint 中，设置文本的字体时，下列是关于字号的叙述，正确的是_____。

　　A. 字号的数值越小，字体就越大　　B. 字号是连续变化的

　　C. 66 号字比 72 号字大　　　　　　D. 字号决定每种字体的尺寸

63. PowerPoint 中，设置文本字体时，选定文本后，在菜单栏中选择哪个菜单开始设置？_____

A. "视图"　　　　　　B. "插入"

C. "开始"　　　　　　D. "设计"

64. PowerPoint 中，设置文本的字体时，在格式下拉菜单中选择_____。

A. "字体"　　　　　　　　B. "项目符号和编号"

C. "字体对齐方式"　　　　D. "分行"

65. PowerPoint 中，下列设置文本字体的操作，有误的是_____。

A. 选定要格式化的文本或段落

B. 从菜单栏中选择"开始"菜单

C. 在弹出的"字体"对话框中选择所需的中文字体、字体样式、大小等项

D. 按教材中的步骤，效果选项中的效果选项是无法选择的

66. PowerPoint 中，设置文本的字体时，要想使所选择的文本字体加粗，在常用工具栏中的快捷按钮是下列选项中的_____。

A. A　　　　　　　　B. B

C. I　　　　　　　　D. U

67. PowerPoint 中，设置文本的字体时，下列选项中不属于效果选项的是_____。

A. 下划线　　　　　　B. 阴影

C. 浮凸　　　　　　　D. 闪烁

68. PowerPoint 中，设置文本的字体时，下列选项中，_____一般不出现在中文字体的列表中。

A. 宋体　　　　　　　B. 黑体

C. 隶书　　　　　　　D. 草书

69. PowerPoint 中，下列关于设置文本段落格式的叙述，正确的是_____。

A. 图形不能作为项目符号

B. 设置文本的段落格式时，要从常用菜单栏的"插入"菜单中进入

C. 行距可以是任意值

D. 以上说法全都不对

70. PowerPoint 中，设置文本段落格式的行距时，下列选项中不属于行距内容的是_____。

A. 行距　　　　　　　B. 段前

　　C. 段后　　　　　　　D. 段中

71. PowerPoint 中，设置文本段落格式的项目符号和编号时，要使图片作为项目符号，则选择"项目符号和编号"对话框中的_____。

　　A. "编号"选项卡　　　B. "图片"
　　C. "大小"　　　　　　D. "颜色"

72. PowerPoint 中，设置文本段落格式的项目符号和编号时，在格式下拉列表中选择_____。

　　A. "字体"　　　　　　B. "项目符号和编号"
　　C. "字体对齐方式"　　D. "行距选项"

73. PowerPoint 中，设置文本的段落格式时，要从菜单栏中的哪个菜单开始设置？_____

　　A. "视图"　　　　　　B. "插入"
　　C. "开始"　　　　　　D. "设计"

74. PowerPoint 中，设置文本段落格式的行距时，在"开始"菜单中选择_____。

　　A. "字体"　　　　　　B. "字体对齐方式"
　　C. "行距"　　　　　　D. "分栏"

75. PowerPoint 中，设置文本段落格式的行距时，设置的行距值是指_____。

　　A. 文本中行与行之间的距离用相对的数值表示其大小

　　B. 行与行之间的实际距离，单位是毫米

　　C. 行间距在显示时的像素个数

　　D. 以上答案都不对

76. PowerPoint 中，创建表格时，在"插入"下拉菜单中选择_____。

　　A. "形状"　　　　　　B. "图表"
　　C. "表格"　　　　　　D. "对象"

77. PowerPoint 中，创建表格时，假设创建的表格为 6 行 4 列，则在表格对话框中的列数和行数分别应填写_____。

　　A. 6 和 4　　　　　　B. 都为 6
　　C. 4 和 6　　　　　　D. 都为 4

78. PowerPoint 中，有关创建表格的说法，错误的是_____。

A. 表格创建是在幻灯片中进行的

B. 创建表格从菜单栏的"插入"菜单开始的

C. 插入表格时要指明插入的行数和列数

D. 以上说法都不对

79. PowerPoint 中，创建表格时，要从菜单栏中的哪一个菜单进入？_____

A. "视图"　　　　　　　B. "插入"

C. "开始"　　　　　　　D. "设计"

80. PowerPoint 中，创建表格之前首先要进行下述哪项操作？_____

A. 重新启动计算机

B. 关闭其他应用程序

C. 打开一个演示文稿，并切换到要插入表格的幻灯片中

D. 以上操作都不正确

81. 下列关于在 PowerPoint 中插入图片操作叙述正确的是_____。

A. 在幻灯片视图中，显示要插入图片的幻灯片

B. PowerPoint 中，插入图片操作可以从"插入"菜单开始

C. 插入图片的路径只能是本地

D. 以上说法全不正确

82. PowerPoint 中，插入图片时，插入的图片必须满足一定的格式，下列选项中，不属于图片格式的后缀是_____。

A. bmp　　　　　　　　B. wmf

C. jpg　　　　　　　　D. mps

83. PowerPoint 中，如果不涉及文件的操作，插入图片操作过程中，当要插入的图片选定以后，插入方式选择_____。

A. "插入"　　　　　　　B. "输入"

C. "链接文件"　　　　　D. "链接图像"

84. PowerPoint 中，插入图片操作过程中如果想预先查看要插入的图片，则在"插入图片"对话框上选择_____。

A. "粘贴"　　　　　　　B. "复制"

C. "剪切"　　　　　　　D. "更换视图"按钮边的下拉按钮

85. PowerPoint 中，有关插入图片的叙述，正确的是_____。

A. 插入的图片格式必须是 PowerPoint 所支持的图片格式

B. 插入的图片来源不能是网络映射驱动器

C. 图片插入完毕将无法修改

D. 以上说法都不全正确

86. PowerPoint 中，插入图片操作，在菜单栏中选择_____。

A. "视图"　　　　　　　B. "插入"

C. "开始"　　　　　　　D. "设计"

87. PowerPoint 中，插入图片操作，在"插入"下拉菜单中选择_____。

A. "图片"　　　　　　　B. "文本框"

C. "形状"　　　　　　　D. "表格"

88. PowerPoint 中，插入图片操作一般使用_____模式操作起来比较方便。

A. 大纲视图　　　　　　B. 普通视图

C. 幻灯片浏览视图　　　D. 阅读视图

89. PowerPoint 中，插入图片操作过程中，如果指定的插入图片的路径不对，会出现_____。

A. PowerPoint 程序将被关闭

B. Windows 出现蓝屏现象并死机

C. 无法插入指定文件

D. 以上说法都不正确

90. 插入声音的操作应该使用_____菜单。

A. "开始"　　　　　　　B. "视图"

C. "插入"　　　　　　　D. "设计"

二、多选题

1. "动作设置"对话框中有哪几种执行动作方式可以选择？_____

A. 单击鼠标　　　　　　B. 双击鼠标

C. 鼠标悬停　　　　　　D. 按任意键

2. PowerPoint 中，用文本框工具在幻灯片中添加图片操作，下列叙述正确的有_____。

A. 添加文本框可以从菜单栏的"插入"菜单开始

  B. 文本插入完成后自动保存

  C. 文本框的大小不可改变

  D. 文本框的大小可以改变

3. 下面在 PowerPoint 中创建新幻灯片的叙述，正确的有_____。

  A. 新幻灯片可以用多种方式创建

  B. 新幻灯片只能通过内容提示向导来创建

  C. 新幻灯片的输出类型根据需要来设定

  D. 新幻灯片的输出类型固定不变

4. PowerPoint 中，下列关于幻灯片的占位符中插入文本的叙述正确的有_____。

  A. 插入的文本一般不加限制

  B. 插入的文本文件有很多条件

  C. 标题文本插入在状态栏进行

  D. 标题文本插入在大纲区进行

5. 下列说法正确的有_____。

  A. 插入视频的操作应该使用"设计"菜单

  B. 在幻灯片中插入视频时，可在"播放"菜单设置幻灯片放映时是否自动播放插入的视频

  C. 插入视频的操作要用到"媒体"中的"视频"命令

  D. 在"插入视频文件"对话框中，选择插入视频时，只需双击要插入的视频

6. "动画"效果工具栏可以进行哪些操作？_____

  A. 动态标题   B. 使幻灯片文本具动画效果

  C. 自定义动画   D. 动画预览

7. 以下哪些属于"动画"效果工具栏中的动画效果？_____

  A. 浮入   B. 飞入

  C. 形状   D. 弹跳

8. 要选中所有幻灯片，可以有哪几种方法？_____

  A. 直接按下<Ctrl + A>键

  B. 使用编辑菜单中的全选命令

  C. 直接按下<Shift + A>键

D. 使用鼠标并按住<Ctrl>键逐个选择

9. PowerPoint 中，下列说法正确的有_____。

　A. 文本选择完毕，所选文本会变成反白

　B. 文本选择完毕，所选文本会变成闪烁

　C. 单击文本区，会显示文本控制点

　D. 单击文本区，文本框会变成闪烁

10. PowerPoint 中，下列有关移动和复制文本的叙述中，正确的有_____。

　A. 文本剪切的快捷键是<Ctrl + P>

　B. 文本复制的快捷键是<Ctrl + V>

　C. 文本复制和剪切是有区别的

　D. 单击"粘贴"按钮和使用快捷键<Ctrl + V>的效果是一样的

11. PowerPoint 中，有关设置文本字体的叙述，正确的有_____。

　A. 设置文本字体之前必须先选定文本或段落

　B. 文字字号中 66 号字比 72 号字大

　C. 设置文本字体时，从菜单栏的"插入"菜单开始

　D. 选择"效果"选项可以加强文字的显示效果

12. PowerPoint 中，下列关于设置文本的段落格式的叙述，正确的有_____。

　A. 图形也能作为项目符号

　B. 设置行距时，行距值有一定的范围

　C. 行距设置完毕，单击"确定"按钮完成

　D. 字体不能作为项目符号

13. PowerPoint 中，下列有关创建表格的说法，正确的有_____。

　A. 打开一个演示文稿，并切换到相应的幻灯片

　B. 单击"插入"菜单栏中的"插入表格"命令，会弹出"插入表格"对话框

　C. 在"插入表格"对话框中输入要插入的行数和列数

　D. 插入后的表格行数和列数无法修改

三、填空题

1. 包含预定义的格式和配色方案，可以应用到任何演示文稿中创建独特的外观的模板是_____。

2. 在 PowerPoint 演示文稿中，如果要在放映第五张幻灯片时，单击幻灯片上的某对象后，跳转到第八张幻灯片上，选择"幻灯片放映"菜单下的"_____"对话框可进行设置。

3. 仅显示演示文稿的文本内容，不显示图形、图像、图表等对象，应选择_____视图方式。

4. 将文本添加到幻灯片最简易的方式是直接将文本键入幻灯片的任何占位符中。要在占位符外的其他地方添加文字，可以在幻灯片中插入_____。

5. 如要终止幻灯片的放映，可直接按_____键。

6. 使用_____下拉菜单中的"设置背景格式"命令改变幻灯片的背景。

7. PowerPoint 中，在幻灯片浏览视图下按住<Ctrl>键并拖动某幻灯片，可以完成_____操作。

8. PowerPoint 可以用彩色、灰度或黑白打印演示文稿的幻灯片、大纲、备注和_____。

9. PowerPoint 的演示文稿具有普通、备注页、幻灯片浏览、阅读和_____5 种视图。

10. 幻灯片的放映有_____种方法。

11. 将演示文稿打包的目的是_____。

12. 艺术字是一种_____对象，它具有_____属性，不具备文本的属性。

13. 在幻灯片的视图中，向幻灯片插入图片，选择_____菜单的图片命令，然后选择相应的命令。

14. 在 PowerPoint 中，为每张幻灯片设置切换声音效果的方法是使用"切换"菜单下的_____选项。

15. 按行列显示并可以直接在幻灯片上修改其格式和内容的对象是_____。

16. 在 PowerPoint 中，能够观看演示文稿的整体实际播放效果的视图模式是_____。

17. 退出 PowerPoint 的快捷键是_____。

18. 用 PowerPoint 应用程序所创建的用于演示的文件称为_____，其扩展名为_____。

19. PowerPoint 可利用模板来创建_____，它提供了两类模板：_____和_____，模板的扩展名为_____。

20. 在 PowerPoint 中，可以为幻灯片中的文字、形状和图形等对象设置_____。设计基本动画的方法是先在_____视图中选择好对象，然后选用"动画"菜单中的"_____"。

21. 在"设置放映方式"对话框中，有三种放映类型，分别为_____、_____和_____。

22. 普通视图包含三种窗口：_____、_____和_____。

23. 状态栏位于窗口的底部，它显示当前演示文档的部分_____或_____。

24. 创建文稿的方式有_____、_____和_____。

25. 使用 PowerPoint 演播演示文稿要通过_____或_____屏幕展现出来。

26. _____就是将幻灯片上的某些对象，设置为特定的索引和标记。

四、上机操作

利用 PowerPoint 软件设计如示例所示的演示文稿，练习如下操作。

(1) 演示文稿的创建和保存。

(2) 幻灯片的复制、删除、新建、插入等基本操作。

(3) 幻灯片文字输入、图片插入、表格插入等内容编辑方式。

(4) 幻灯片配色、页面布局等修饰技巧。

(5) 幻灯片播放、动画效果设置、多媒体插入、屏幕录制操作。

(6) 幻灯片母版制作与修改技巧。

(7) 幻灯片不同视图的切换与比较。

【上机操作提示】

1. 创建演示文稿

在"开始"菜单中按照"所有程序→Microsoft Offifice→PowerPoint"顺序即可打

开 PowerPoint，软件启动后会自动打开一个空白的 PPT 文档。

2. 演示文稿编辑

1) 插入幻灯片

演示文稿中的每一页叫幻灯片，每张幻灯片都是演示文稿中既相互独立又相互联系的内容，通过幻灯片可以将内容生动地展示出来。插入幻灯片的常用方法一般有如下三种。

第一种方法，在导航窗口中单击鼠标右键，选择"新建幻灯片"。

第二种方法，在"开始"菜单栏中选择"新建幻灯片"，然后从模板中选择一种样式即可。

第三种方法，通过"复制→粘贴"的方式，将其他演示文稿的中的幻灯片或者将正在编辑的演示文稿中其他位置的幻灯片插入到当前位置进行编辑。

2) 插入文本

在 PowerPoint 中一般都设置了基本文档编辑模板，单击模板中的提示模式即可进行文字的输入。在"插入"菜单栏中单击"文本框"也可在幻灯片中插入文本。

除了以上两种方法外，PowerPoint 也支持文字的复制和粘贴，可方便地将在其他文档中的文字粘贴到幻灯片中。

文本输入后，选中输入的文字，可在"开始"菜单栏中选择相应的工具对文字进行编辑，包括字体、字号、颜色、对齐方式等。

3) 插入表格

在"插入"菜单栏中选择"表格"即可插入表格。另外，也可将 Word 文档或 Excel 文档中的表格直接粘贴到 PowerPoint 中。

4) 插入图像

PowerPoint 支撑多种图像格式，可通过"插入"菜单栏中的"图像"选项插入来自文件的图片、屏幕截图、相册图片或联机图片。另外，也可以直接将图片粘贴到幻灯片中。

5) 视图切换

演示文稿的不同视图主要是为了编辑的方便，在 PowerPoint 中有五种视图可供选择：普通视图、大纲视图、幻灯片浏览、备注页和阅读视图。切换视图的方法有两种：一种是在"视图"菜单栏中选择"演示文稿视图"对视图方式进行切换；另一种方法是在幻灯片窗口底部右侧的任务栏查找最常用视图。

根据以上提示，进行以下操作练习。

① 插入新的幻灯片。

② 在幻灯片中插入文字、图片、符号、艺术字和公式等内容并进行编辑。

③ 练习在不同的视图之间进行切换并体会不同视图方式下编辑 PPT 的方便程度。

3. 幻灯片配色修饰

1) 字体配色

演示文稿的字体配色可通过"开始"菜单栏中的"字体颜色"实现，局部区域的背景配色可通过"开始"菜单栏中的"快速样式"实现。局部区域的配色也可通过单击鼠标右键实现。

2) 局部区域配色

在进行局部区域配色时，先要选定一个区域，这个区域可以是文本编辑区域，也可以是使用绘图工具绘制一个区域。如果是通过绘图工具绘制的区域，需要对其进行图层位置的调整，一般将它置于底层，否则它会覆盖编辑的文本。在需要调整图层的对象上单击鼠标右键，选择"置于顶层"或"置于底层"即可实现图层的调整。

3) 背景配色

如果要对幻灯片的背景进行配色，需要打开"设计"菜单栏中的"设置背景格式"工具，然后对配色方式进行设置。这里可以设置填充的颜色、渐变效果和透明度等参数。

根据以上提示，对幻灯片按照示例的样子进行配色，也可以发挥想象力，进行任意配色，体会配色带来的不同效果。

4. 幻灯片动画设置

1) 自定义动画

自定义动画用于设置单张幻灯片里各个内容的动画，主要效果包括进入动画效果、强调动画效果和退出动画效果。进入效果设置对象的出现动画形式，比如可以使对象逐渐淡入焦点、从边缘飞入幻灯片或者跳入视图中等；强调效果包括使对象缩小或放大、更改颜色或沿着其中心旋转等；退出效果是自定义对象退出时所表现的动画形式，如让对象飞出幻灯片、从视图中消失或者从幻灯片旋出等。设置自定义动画的方法为：选中要设置动画的对象，然后在"动画"菜单栏中选择"添加动画"，选择需要的动画效果即可。

在设置自定义动画效果时，可以单独使用任何一种动画，也可以将多种效果组合在一起。另外，还可以设置自定义动画的出场顺序以及开始时间、延时和持续时间等效果。

2) 切换效果

切换效果主要是给不同幻灯片之间的切换添加动画效果，PowerPoint 提供了多种不同的切换效果，还可以设置切换的方式、自动切换时间等效果，具体操作方法如下：选择要添加切换效果的幻灯片，在菜单栏中选择"切换"，然后进行设置即可。

3) 动态图片

前面所介绍的都是通过 PowerPoint 自带的功能进行动画设置。除此之外，PowerPoint 还支持添加动态图片，以丰富演示效果。添加动态图片的方法与添加静态图片的方法类似，此处不再赘述。

根据以上提示，发挥想象，对你制作的幻灯片进行不同的动画效果设置，并预览效果。

5. 幻灯片播放控制

1) 从当前页开始播放

在"幻灯片放映"菜单栏中选择"从当前幻灯片开始"或单击右下角"幻灯片放映"的图标，即可实现从当前幻灯片开始播放。

2) 从首页开始播放

在菜单栏中选择"幻灯片放映"→"从头开始"或按快捷键 F5，即可实现从首页幻灯片开始播放。

3) 显示备注

备注主要是对幻灯片中的内容做补充注释，起到辅助演讲的作用。不管是老师讲课还是普通演讲，备注的使用都能够在确保幻灯片简洁明了的情况下帮助演讲者进行全面的讲解，把一些文字从版面转移到备注中。

PowerPoint 软件提供了演示者视图功能，通过演示者视图功能，演讲者可以方便地查看一些备注信息。要实现演示者视图，首先要在幻灯片放映选项里勾选"使用演示者视图"的功能(默认情况下是勾选的)。

在幻灯片播放过程中，单击鼠标右键，选择"显示演示者视图"，或在开始播放幻灯片时使用快捷键<Alt + F5>，即可进入到演示者视图。

在演示者视图模式下，演讲者和听众看到的幻灯片效果是不一样的。演讲者看到的幻灯片界面包括备注信息及下一页幻灯片的信息；听众看到的幻灯片界面只有当前页幻灯片的信息。

4）自动播放幻灯片

幻灯片的自动播放最主要的是设置好每张幻灯片播放的时间。设置播放时间有两种方式：一种是使用"排练时间"进行设置，另一种是使用切换控制的"持续时间"进行设置。

使用"排练时间"进行设置时，在"幻灯片放映"菜单栏中选择"排练计时"，演示文稿会自动从第一张幻灯片开始放映。用户只需要根据实际需求手动切换幻灯片，PowerPoint 软件会自动记录时间直到放映到最后一张幻灯片。使用切换控制的"持续时间"进行设置时，在"切换"菜单栏中选择"设置自动换片时间"。播放时间设置好后，需将演示文稿另存为"PowerPoint 放映"类型的文件，此文件打开之后自动开始放映幻灯片。

5）添加背景音乐

在演示文稿中可添加背景音乐，播放幻灯片时会自动播放背景音乐。制作好幻灯片后，在"插入"菜单栏中选择"音频"，然后在弹出的对话框中选择要插入的音频文件。

音频文件插入后，在幻灯片上会出现一个小喇叭的图标，单击此图标，然后在菜单栏的"播放"选项中勾选"跨幻灯片播放"以及其他播放形式。

播放方式设置好后，按设置幻灯片自动播放的步骤进行设置和保存文件，即可实现在自动播放幻灯片时同步播放背景音乐的效果。

6）录制幻灯片演示

用户可以把演示幻灯片的过程录制下来送给他人观看，具体操作步骤如下：

第一步，在"幻灯片放映"菜单栏中选择"录制幻灯片演示"选项卡，然后选择录制方式。

第二步，进入录制状态，此时左上角会有"录制"工具栏，录制完成后，幻灯片右下角有一个声音图标，声音即为录制的旁白。

第三步，保存视频文件，在"文件"菜单栏中选择"另存为"，选择存储位置，文件类型选择视频格式，如 Windows Media 视频格式，最后单击"保存"按钮来生成视频。

根据以上提示，体会幻灯片的不同播放方式，并练习屏幕录制方法。

6. 幻灯片保存

在菜单栏上单击保存按钮 ⊟，或使用快捷键<Ctrl + S>，或选择"文件→另存为"，在弹出的对话框中选择存储的位置和文件名称即可完成演示文稿的保存。

根据以上提示，将演示文稿保存成：

路径：D 盘根目录；

文件名称：PPT 练习；

保存类型：PowerPoint 演示文稿。

项目 5 计算机操作系统与网络习题

一、单选题

1. 在计算机系统中，操作系统是_____。

   A. 一般应用软件   B. 核心系统软件

   C. 用户应用软件   D. 系统支撑软件

2. 计算机系统的组成包括_____。

   A. 程序和数据   B. 计算机硬件和计算机软件

   C. 处理器和内存   D. 处理器，存储器和外围设备

3. _____不是基本的操作系统。

   A. 批处理操作系统   B. 分时操作系统

   C. 实时操作系统   D. 网络操作系统

4. 关于操作系统的叙述_____是不正确的。

   A. 管理资源的程序   B. 管理用户程序执行的程序

   C. 能使系统资源提高效率的程序   D. 能方便用户编程的程序

5. 计算机操作系统的作用是_____。

   A. 管理计算机系统的全部软、硬件资源，合理组织计算机的工作流程，以达到
      充分发挥计算机资源的效率，为用户提供使用计算机的友好界面

   B. 对用户存储的文件进行管理，方便用户

   C. 执行用户键入的各类命令

   D. 为汉字操作系统提供运行的基础

6. 操作系统的主要功能是_____。

   A. 提高计算的可靠性

   B. 对硬件资源分配、控制、调度、回收

   C. 对计算机系统的所有资源进行控制和管理

D. 实行多用户及分布式处理

7. 进程和程序的一个本质区别是_____。

A. 前者为动态的，后者为静态的

B. 前者存储在内存，后者存储在外存

C. 前者在一个文件中，后者在多个文件中

D. 前者分时使用 CPU，后者独占 CPU

8. 下列几种关于进程的叙述，最不符合操作系统对进程的理解的是_____。

A. 进程是在多程序并行环境中的完整的程序

B. 进程可以由程序、数据和进程控制块描述

C. 线程是一种轻量级特殊的进程

D. 进程是程序在一个数据集合上运行的过程，它是系统进行资源分配和调度的一个独立单位

9. 逻辑地址就是_____。

A. 用户地址　　　　　　　　B. 相对地址

C. 物理地址　　　　　　　　D. 绝对地址

10. 虚拟存储器的最大容量是由_____决定的。

A. 计算机系统的地址结构和外存空间

B. 页表长度

C. 内存空间

D. 逻辑空间

11. 在下面关于虚拟存储器的叙述中，正确的是_____。

A. 要求程序运行前必须全部装入内存且在运行过程中一直驻留在内存

B. 要求程序运行前不必全部装入内存且在运行过程中不必一直驻留在内存

C. 要求程序运行前不必全部装入内存但是在运行过程中必须一直驻留在内存

D. 要求程序运行前必须全部装入内存但在运行过程中不必一直驻留在内存

12. 若一个系统内存为 64 MB，处理器是 32 位地址，则它的虚拟地址空间为_____。

A. 2 GB　　　　　　　　　　B. 4 GB

C. 100 KB　　　　　　　　　D. 64 MB

13. 外存(如磁盘)上存放的程序和数据_____。

A. 可由 CPU 直接访问　　　　　　B. 必须在 CPU 访问之前移入内存

C. 必须由文件系统管理　　　　　D. 必须由进程调度程序管理

14. 磁带适用于存放_____文件。

　　A. 随机　　　　　　　　　　　B. 索引

　　C. 串联　　　　　　　　　　　D. 顺序

15. 用户程序中的输入、输出操作实际上是由_____完成的。

　　A. 程序设计语言　　　　　　　B. 编译系统

　　C. 操作系统　　　　　　　　　D. 标准库程序

16. 设备的打开、关闭、读、写等操作是由_____完成的。

　　A. 用户程序　　　　　　　　　B. 编译程序

　　C. 设备驱动程序　　　　　　　D. 设备分配程序

17. I/O 设备是指_____。

　　A. 外部设备。它是负责与计算机的外部世界通信用的输入 / 输出设备。I/O 设
　　　备包括：I/O 接口，设备控制器，I/O 设备，I/O 设备驱动程序

　　B. I/O 系统，它是负责与计算机的外部世界通信用的输入 / 输出设备

　　C. 负责与计算机的外部世界通信用的硬件和软件设备

　　D. 完成计算机与外部世界的联系，即输入 / 输出设备

18. 系统调用是_____。

　　A. 一条机器指令　　　　　　　B. 提供编程人员访问操作系统的接口

　　C. 中断子程序　　　　　　　　D. 用户子程序

19. 在现代计算机系统层次结构中，最内层是硬件，最外层是使用计算机的人，人与硬件之间是_____。

　　A. 软件系统　　　　　　　　　B. 操作系统

　　C. 支援软件　　　　　　　　　D. 应用软件

20. 当计算机被启动时，首先会立即执行_____。

　　A. 接口程序　　　　　　　　　B. 中断服务程序

　　C. 用户程序　　　　　　　　　D. 引导程序

21. _____不是一种永久性的存储设备，当电源被切断时，其中的信息就会消失。

　　A. 硬盘　　　　　　　　　　　B. 磁带

　　C. 软盘　　　　　　　　　　　D. 主存储器

22. 中央处理器可以直接存取_____中的信息。

　　A. 光盘　　　　　　　　　　　B. 软盘

　　C. 主存储器　　　　　　　　　D. 硬盘

23. 存放在_____的信息只能顺序存取，无法随机访问。

　　A. 硬盘　　　　　　　　　　　B. 软盘

　　C. 光盘　　　　　　　　　　　D. 磁带

24. 在操作系统的层次结构中，_____是操作系统的核心部分，它位于最内层。

　　A. 存储管理　　　　　　　　　B. 处理器管理

　　C. 设备管理　　　　　　　　　D. 作业管理

25. 在操作系统的层次结构中，各层之间_____。

　　A. 互不相关　　　　　　　　　B. 内、外层互相依赖

　　C. 外层依赖内层　　　　　　　D. 内层依赖外层

26. 磁盘机属于_____。

　　A. 字符设备　　　　　　　　　B. 存储型设备

　　C. 输入输出型设备　　　　　　D. 虚拟设备

27. 对于存储型设备，输入输出操作的信息是以_____为单位传输的。

　　A. 位　　　　　　　　　　　　B. 字节

　　C. 字　　　　　　　　　　　　D. 块

28. 对于输入输出设备，输入输出操作的信息传输单位为_____。

　　A. 位　　　　　　　　　　　　B. 字符

　　C. 字　　　　　　　　　　　　D. 块

29. 在用户程序中通常用_____提出使用设备的要求。

　　A. 设备类、相对号　　　　　　B. 设备的绝对号

　　C. 物理设备名　　　　　　　　D. 虚拟设备名

30. 在文件格式化时，进行格式化后的文件系统可选择为_____。

　　A. FAT32 或 NTFS　　　　　　B. FAT32

　　C. NTFS　　　　　　　　　　　D. 以上选项都不对

　31. 通过磁盘扫描可检测磁盘的错误和碎片文件，通过_____可对碎片和凌乱文件进行重新整理，提高计算机的整体性能和运行速度。

    A. 文件整理   B. 文件压缩

    C. 碎片整理   D. 文件删除

32. 通过_____可对文件的安全性进行设置。

    A. 文件属性   B. 文件名称

    C. 文件标题   D. 以上都不对

33. 目前遍布于校园的校园网属于_____。

    A. LAN   B. MAN

    C. WAN   D. 混合网络

34. 下列设备属于资源子网的是_____。

    A. 计算机软件   B. 网桥

    C. 交换机   D. 路由器

35. Internet 最早起源于_____。

    A. ARPAnet   B. 以太网

    C. NSFnet   D. 环状网

36. 计算机网络中可共享资源包括_____。

    A. 硬件、软件、数据和通信信道   B. 主机、外设和通信信道

    C. 硬件、软件和数据   D. 主机、外设、数据和通信信道

37. 下面哪一项可以描述网络拓扑结构？_____

    A. 仅仅是网络的物理设计   B. 仅仅是网络的逻辑设计

    C. 仅仅是对网络形式上的设计   D. 网络的物理设计和逻辑设计

38. 下面哪种拓扑技术可以使用集线器作为连接器？_____

    A. 双环状   B. 单环状

    C. 总线状   D. 星状

39. 下面哪项描述了全连接网络的特点？_____

    A. 容易配置   B. 不太稳定

    C. 扩展性不太好   D. 容易发生故障

40. 计算机网络拓扑是通过网中节点与通信线路之间的几何关系表示网络结构，反映出网络中各实体间的_____。

    A. 结构关系   B. 主从关系

    C. 接口关系   D. 层次关系

41. IP 地址由一组_____比特的二进制数字组成。

    A. 8　　　　　　　　B. 16

    C. 32　　　　　　　　D. 64

42. 关于 IP 提供的服务，下列哪种说法是正确的？_____

    A. IP 提供不可靠的数据报传送服务，因此数据报传送不能受到保障

    B. IP 提供不可靠的数据报传送服务，因此它可以随意丢弃数据报

    C. IP 提供可靠的数据报传送服务，因此数据报传送可以受到保障

    D. IP 提供可靠的数据报传送服务，因此它不能随意丢弃数据报

43. 一个标准的 IP 地址 128.202.99.65 所属的网络为_____。

    A. 128.0.0.0　　　　　B. 128.202.0.0

    C. 128.202.99.0　　　　D. 128.202.99.65

44. 在 Internet 中，一个路由器的路由表通常包含_____。

    A. 目的网络和到达该目的主机的完整路径

    B. 所有的目的主机和到达该目的主机的完整路径

    C. 目的网络和到达该目的网络路径上的下一个路由器的 IP 地址

    D. 互联网中所有路由器的 IP 地址

45. 下面哪个 IP 地址是有效的？_____

    A. 202.280.130.45　　B. 130.192.33.45

    C. 192.256.130.45　　D. 280.192.33.456

46. IPv4 与 IPv6 分别采用多少比特来表示一个 IP 地址？_____

    A. 32，128　　　　　B. 16，64

    C. 126，126　　　　D. 256，256

47. 关于子网与子网掩码，下列说法中正确的是_____。

    A. 通过子网掩码，可以从一个 IP 地址中提取出网络号、子网号与主机号

    B. 子网掩码可以把一个网络进一步划分成几个规模相同或不同的子网

    C. 子网掩码中的 0 和 1 一定是连续的

    D. 一个 B 类地址采用划分子网的方法，最多可以划分为 255 个子网

48. 下列哪项不属于路由选择协议的功能？_____

    A. 获取网络拓扑结构的信息　　B. 选择到达每个目的网络的最优路径

    C. 构建路由表　　　　　　　D. 发现下一跳的物理地址

49. IP 地址 255.255.255.255 称为_____。

    A. 直接广播地址　　　　　B. 受限广播地址

    C. 回送地址　　　　　　　D. 间接广播地址

50. 在由路由器进行互联的多个局域网的结构中，要求每个局域网的_____。

    A. 物理层协议可以不同，而数据链路层及数据链路层以上的高层协议必须相同

    B. 物理层、数据链路层协议可以不同，而数据链路层以上的高层协议必须相同

    C. 物理层、数据链路层、网络层协议可以不同，而网络层以上的高层协议必须相同

    D. 物理层、数据链路层、网络层及高层协议都可以不同

二、多选题

1. 一个标准个人计算机的操作系统具备以下的功能_____。

    A. 资源管理　　　　　　　B. 虚拟内存

    C. 进程管理　　　　　　　D. 程序控制　　　　　　　E. 人机交互

2. 按应用领域分，可将操作系统分为_____。

    A. 桌面操作系统(如 Windows 10)

    B. 服务器操作系统(如 Windows Server)

    C. 嵌入式操作系统(如 VxWorks)

    D. 多用户操作系统

    E. 实时操作系统

3. 下列关于虚拟内存的说法中正确的是_____。

    A. 虚拟内存是计算机系统内存管理的一种技术

    B. 它使得应用程序认为它拥有连续的可用的内存，而实际上，它通常是被分隔成多个物理内存碎片，还有部分暂时存储在外部磁盘存储器上，在需要时进行数据交换

    C. 虚拟内存没有太大的用处

    D. 虚拟内存可以无限扩大

    E. 虚拟内存的大小可以由用户进行自定义设置

4. 下列关于文件操作的描述正确的是_____。

    A. 通过复制的方式移动文件时，文件的原稿不会被删除

B. 通过剪切的方式移动文件时，文件的原稿不会被删除

C. 修改文件的复件时，原件不会被修改

D. 修改文件的复件时，原件同时会被修改

E. 在回收站中的文件可被恢复

5. 下列关于操作系统进程的说法错误的是＿＿＿＿＿＿＿。

A. 进程管理指的是操作系统调整复数进程的功能

B. 不管是常驻程序或者应用程序，它们都以进程为标准执行单位

C. 当年运用冯纽曼架构建造计算机时，每个中央处理器最多只能同时执行一个
进程

D. 现代的操作系统，如果拥有多个 CPU，就可实现多进程同时运行

E. 现代的操作系统，如果只有一个 CPU，则只能运行一个进程

6. 按所支持用户数分，可将操作系统分为＿＿＿＿＿＿＿。

A. 单用户操作系统　　　　B. 多用户操作系统

C. 开源操作系统　　　　D. 多任务操作系统　　　　E. 并行操作系统

7. 在 Windows 操作系统中，应用程序的卸载可通过＿＿＿＿＿＿＿进行。

A. 控制面板　　　　B. 软件自带的卸载程序

C. 第三方卸载工具　　　　D. 直接删除程序图标　　　　E. 将图标放入回收站

8. 下列关于磁盘格式化的说法中，正确的是＿＿＿＿＿＿＿。

A. 磁盘格式批后所有的数据会丢失

B. 磁盘格式化后，磁盘上的数据一定不能再恢复

C. 磁盘格式化有慢速格式化和快速格式化两种方式

D. 磁盘只能进行慢速格式化

E. 磁盘格式化的文件系统格式可以是 FAT32 或 NTFS

9. 下列关于 Windows 操作系统账户的说法中，正确的是＿＿＿＿＿＿＿。

A. Windows 的账户不能增加和删除

B. 可根据用户需要进行账户的新增和删除

C. 一旦账户创建成功，账户的权限不可更改

D. 管理员账户的权限要高于来宾账户的权限

E. 来宾账户可访问系统的所有文件

10. 我国物联网发展的主要机遇主要体现在＿＿＿＿＿＿＿。

A. 我国物联网拥有强有力的政策发展基础和持久的牵引力

B. 我国物联网技术研发水平处于世界前列，已具备物联网发展的条件

C. 我国已具备物联网产业发展的条件，电信运营商大力推动通信网应用

D. 电信网、互联网、电视网"三网"走向融合

11. 物联网主要涉及的关键技术包括_____。

A. 射频识别技术　　　　B. 纳米技术

C. 传感器技术　　　　　D. 网络通信技术

12. 谷歌云计算主要由_____组成，它们是内部云计算基础平台的主要部分。

A. 谷歌操作系统　　　　B. MapReduce

C. 谷歌文件系统　　　　D. BigTable

13. 智慧城市应具备以下哪些特征？_____

A. 实现全面感测，智慧城市包含物联网

B. 智慧城市面向应用和服务

C. 智慧城市与物理城市融为一体

D. 智慧城市能实现自主组网、自维护

14. 下列说法正确的是_____。

A. "智慧浙江"就是生产和生活更低碳、更智能、更便捷

B. 用各种清洁资源，不用为持续攀高的油价发愁

C. 普通百姓不用为买来的猪肉是不是"健美猪"而担心

D. 坐在家里通过计算机就能接受全国甚至全世界的专家会诊

15. 以下哪些特征是人一出生就已确定下来并且终身不变的？_____

A. 指纹　　　　　　　　B. 视网膜

C. 虹膜　　　　　　　　D. 手掌纹线

16. 下列四项中，哪些项目是传感器节点内数据处理技术？_____

A. 传感器节点数据预处理　　　　B. 传感器节点定位技术

C. 传感器节点信息持久化存储技术　　　　D. 传感器节点信息传输技术

17. 在传感器节点定位技术中，下列哪些是使用全球定位系统技术定位的缺点？

_____

A. 只适合于视距通信的场合

B. 用户节点通常能耗高、体积大且成本较高

C. 需要固定基础设施

D. 实时性不好，抗干扰能力弱

18. 物联网数据管理系统与分布式数据库系统相比，具有自己独特的特性，下列哪些是它的特性？_____

A. 与物联网支撑环境直接相关

B. 数据需在外部计算机内处理

C. 能够处理感知数据的误差

D. 查询策略需适应最小化能量消耗与网络拓扑结构的变化

19. 下列哪些是物联网的约束条件？_____

A. 物联网资源有限　　　　　B. 现有科技无法实现

C. 不可靠的通信机制　　　　D. 物联网的运行缺少有效的行为管理

20. 下列选项中，哪些和公共监控物联网相关？_____

A. 以智能化的城市管理和公共服务为目标

B. 以视频为中心的多维城市感知物联网络和海量数据智能分析平台

C. 面向城市治安、交通、环境、城管等城市管理典型应用

D. 能够使居民更好地了解身边公共设施

21. 下列属于智能交通实际应用的是_____。

A. 不停车收费系统　　　　　B. 先进的车辆控制系统

C. 探测车辆和设备　　　　　D. 先进的公共交通系统

22. 采用智能交通管理系统(ITMS)可以_____。

A. 防止交通污染　　　　　　B. 解决交通拥堵

C. 减少交通事故　　　　　　D. 处理路灯故障

23. 下列哪些是典型的物联网节点？_____

A. 计算机　　　　　　　　　B. 汇聚和转发节点

C. 远程控制单元　　　　　　D. 传感器节点信息传输技术

24. 下列哪些属于全球定位系统组成部分？_____

A. 空间部分　　　　　　　　B. 地面控制系统

C. 用户设备部分　　　　　　D. 经纬度图

25. 农作物生长数据采集系统的核心是由各种_____组成的硬件系统。

A. 汇点　　　　　　　　　　B. 基站

　　C. 传感器　　　　　　　　D. 输入输出装置

26. 智能农业应用领域主要有_____。

　　A. 智能温室　　　　　　　B. 节水灌溉

　　C. 智能化培育控制　　　　D. 水产养殖环境监控

27. 医院信息系统是医疗信息化管理最重要的基础，是一种集_____等多种技术为一体的信息管理系统。

　　A. 管理　　　　　　　　　B. 信息

　　C. 医学　　　　　　　　　D. 计算机

28. 下列哪些属于物联网在物流领域的应用？_____

　　A. 智能海关　　　　　　　B. 智能交通

　　C. 智能邮政　　　　　　　D. 智能配送

三、判断题

1. 操作系统是系统软件中的一种，在进行系统安装时可以先安装其他软件，然后再装操作系统。（　　）

2. 虚拟存储器是利用操作系统产生的一个假想的特大存储器，是逻辑上扩充了内存容量，而物理内存的容量并未增加。（　　）

3. 在 Windows 操作系统中，程序的卸载可以通过控制面板实现。（　　）

4. 格式化是指对磁盘或磁盘中的分区进行初始化的一种操作，这种操作通常会导致现有的磁盘或分区中所有的文件被清除。（　　）

5. Windows 的账户不能增加和删除。（　　）

6. 磁盘格式化后丢失的数据，可通过特殊方式进行恢复。（　　）

7. 计算机系统的组成包括硬件系统和软件系统。（　　）

8. IP 数据报的首部采用 20 个字节的固定长度。（　　）

9. 常说的"三网"是指电信网络、有线电视网络和计算机网络。（　　）

10. 3C 是指 Computer、Communication 和 Control。（　　）

11. 智能家居是物联网在个人用户的智能控制类应用。（　　）

12. 全球定位系统通常包括三大部分，设备感应部分就是其中一部分。（　　）

13. 传感器技术和射频技术共同构成了物联网的核心技术。（　　）

14. 射频识别仓库管理系统中，物资信息必须要工作人员手动识别、采集、记录。

（　　　）

15. 出租车智能调度系统中用来发送交通服务请求、路径回放请求的是智能出租车车载平台。（　　　）

16. 智能建筑的四个基本要素是结构、系统、服务和管理。（　　　）

17. 智能建筑管理系统必须以系统一体化、功能一体化、网络一体化和软件界面一体化等多种集成技术为基础。（　　　）

18. 停车场管理系统主要功能有：出入口身份识别与控制、无线传感、IC 卡授权管理、统计管理和系统集成。（　　　）

19. 边缘节点和靠近基站节点能量消耗是一样的。（　　　）

20. 射频识别技术是食品安全追溯系统的关键技术，能够有效地实施跟踪与追溯，提高农产品安全和监控的水平。（　　　）

21. 物联网将大量的传感器节点构成监控网络，通过各种传感器采集信息，所以传感器发挥着至关重要的作用。（　　　）

22. 物联网在智慧医疗方面的应用中以无线传感器网络为主的应用，主要以红外传感器为基础。（　　　）

23. 医疗信息系统的核心是信息共享。（　　　）

24. 医院信息系统的功能主要有管理医院事务和分析医院事务。（　　　）

25. 智能物流的首要特征是智能化，其理论基础是无线传感器网络技术。（　　　）

26. 物联网在军事和国防领域的应用主要体现在射频识别技术和无线传感器网络技术的应用。（　　　）

27. 公共安全是国家安全和社会稳定的基石，与人们的生活息息相关。（　　　）

四、填空题

1. 软件系统可分为_____和_____。

2. 操作系统为用户提供两种类型的使用接口，它们是_____接口和_____接口。

3. 操作系统一般为用户提供了三种界面，它们是_____、_____和系统调用界面。

4. 计算机系统为每台设备确定一个编号，以便区分和识别，这个确定的编号称为设备的_____。

5.　设备管理的主要任务是控制设备和 CPU 之间进行_____。

6.　操作系统的五大功能是_____、_____、_____、_____和_____。

7.　在操作系统中进程和线程的区别是_____。

8.　操作系统是运行在计算机_____系统上的最基本的系统软件。

9.　操作系统中对外围设备的启动和控制工作由_____完成。

10.　计算机的外围设备可分_____和_____2 大类。

11.　_____能使大量的信息存放到相应的存储介质上，能作为主存储器的扩充。

12.　_____能把外界的信息输入到计算机系统，或把计算结果输出。

13.　主存储器与外围设备之间的信息传送操作称为_____。

14.　对存储型设备，输入输出的信息传输单位为_____；对输入输出型设备，输入输出操作的信息传输单位为_____。

15.　一个标准个人电脑的操作系统具备_____功能、_____功能、_____功能、_____功能、_____功能。

16.　操作系统的资源管理功能主要包括_____、_____、_____和_____。

17.　_____是计算机系统内存管理的一种技术。它使得应用程序认为它拥有连续的可用的内存(一个连续完整的地址空间)，而实际上，它通常是被分隔成多个物理内存碎片，还有部分暂时存储在外部磁盘存储器上，在需要时进行数据交换。

18.　在 Windows 10 系统中，程序的卸载可通过_____实现。

19.　计算机网络是现代_____技术与_____技术密切组合的产物。

20.　通信子网主要由_____和_____组成。

21.　局域网常用的拓扑结构有总线、_____和_____3 种。

22.　光纤的规格有_____和_____2 种。

23.　计算机网络按网络的作用范围可分为_____、_____和_____3 种。

24.　计算机网络中常用的三种有线通信介质是_____、_____和_____。

25.　局域网的英文缩写为_____，城域网的英文缩写为_____，广域网的英文缩写为_____。

26.　双绞线有_____和_____2 种。

27.　计算机网络的功能主要表现在硬件资源共享、_____和_____。

28. 决定局域网特点的主要技术要素为_____、_____和_____。

29. 路由器的功能有三种：_____、_____和_____。

30. 计算机网络最主要的功能是_____。

31. IP 地址长度在 IPv4 中为_____比特，而在 IPv6 中则为_____比特。

32. 如果按照传播方式不同，可将计算机网络分为_____和_____2 大类。

33. 按传输介质分类，可将网络分为_____和_____2 类。

34. 通信协议主要由以下三个要素组成：_____、_____和_____。

35. 物联网应该具备三个特征，一是_____，即利用 RFID、传感器、二维码等随时随地获取物体的信息；二是_____，通过各种电信网络与互联网的融合，将物体的信息实时准确地传递出去；三是_____，利用云计算、模糊识别等各种智能计算技术，对海量数据和信息进行分析和处理，对物体实施智能化的控制。

36. 在业界，物联网大致被公认为有三个层次，底层是用来感知数据的_____，第二层是数据传输的_____，最上面则是_____。

五、简答题

1. 什么是操作系统？

2. 什么是虚拟存储器，它有什么特点？

3. 操作系统为用户提供哪些接口？

4. 计算机系统的资源包括哪些?

5. 操作系统和用户程序之间的关系是什么?

6. 常用操作系统有哪些? (至少列出 3 种)

7. 计算机网络的发展经过哪几个阶段?

8. 什么是计算机网络?

9. 计算机网络的主要功能是什么?

10. 计算机网络分为哪些子网？各个子网都包括哪些设备？

11. 计算机网络的拓扑结构有哪些？

12. 什么是网络体系结构？

13. TCP/IP 协议模型分为几层？各层的功能是什么？

14. 简述分组交换的特点和不足。

15. 简述 OSI 七层参考模型及各层功能。

16. 简述互联网、因特网、万维网三者的关系。

17. 简述物联网的基本概念。

18. 简述物联网的三个层次及功能。

19. 简述防火墙技术及其功能。

项目6　多媒体技术习题

一、单选题

1. 全电视信号主要由_____组成。

　　A. 图像信号、同步信号、消隐信号

　　B. 图像信号、亮度信号、色度信号

　　C. 图像信号、复合同步信号、复合消隐信号

　　D. 亮度信号、复合同步信号、复合色度信号

2. 下列说法正确的是_____。

　　A. 信息量等于数据量与冗余量之和

　　B. 信息量等于信息熵与数据量之差

　　C. 信息量等于数据量与冗余量之差

　　D. 信息量等于信息熵与冗余量之和

3. 在数字音频信息获取与处理过程中，下述顺序正确的是_____。

　　A. A/D 变换、采样、压缩、存储、解压缩、D/A 变换

　　B. 采样、压缩、A/D 变换、存储、解压缩、D/A 变换

　　C. 采样、A/D 变换、压缩、存储、解压缩、D/A 变换

　　D. 采样、D/A 变换、压缩、存储、解压缩、A/D 变换

4. 数字音频采样和量化过程所用的主要硬件是_____。

　　A. 数字编码器

　　B. 数字解码器

　　C. 模拟到数字的转换器(A/D 转换器)

　　D. 数字到模拟的转换器(D/A 转换器)

5. 请根据多媒体的特性判断_____属于多媒体的范畴。

　　A. 交互式视频游戏　　　　　　B. 有声图书

C. 彩色画报　　　　　　　　　　D. 立体声音乐

6. 下列数字视频中_____质量最好。

　　A. 40×180 分辨率、24 位真彩色、15 帧/秒的帧率

　　B. 320×240 分辨率、32 位真彩色、25 帧/秒的帧率

　　C. 320×240 分辨率、32 位真彩色、30 帧/秒的帧率

　　D. 640×480 分辨率、16 位真彩色、15 帧/秒的帧率

7. 下列_____论述是正确的。

　　A. 音频卡的分类主要是根据采样的频率来分，频率越高，音质越好

　　B. 音频卡的分类主要是根据采样信息的压缩比来分，压缩比越大，音质越好

　　C. 音频卡的分类主要是根据接口功能来分，接口功能越多，音质越好

　　D. 音频卡的分类主要是根据采样量化的位数来分，位数越高，量化精度越高，
　　　　音质越好

8. 下列_____说法是正确的。

　　A. 冗余压缩法不会减少信息量，可以原样恢复原始数据。

　　B. 冗余压缩法减少了冗余，不能原样恢复原始数据。

　　C. 冗余压缩法是有损压缩法。

　　D. 冗余压缩的压缩比一般都比较小。

9. 人耳对不同频率的声音的敏感度存在很大差别，_____范围的声音信号是
最敏感频带，幅度很低的信号都能被听到。

　　A. 1 kHz～3 kHz　　　　　　　　B. 2 kHz～4 kHz

　　C. 3 kHz～4 kHz　　　　　　　　D. 1 kHz～5 kHz

10. 下面_____系统是多媒体操作系统。

　　A. DOS　　　　　　　　　　　　B. Windows

　　C. VC　　　　　　　　　　　　D. Authorware

11. MP3 是指_____。

　　A. Multimedia Processing-3　　　B. MPEG-3

　　C. MPEG-1 Level 3　　　　　　　D. MPEG-2 Level 3

12. 音频卡是按_____分类的。

　　A. 采样频率　　　　　　　　　　B. 声道数

　　C. 采样量化位数　　　　　　　　D. 压缩方式

13. 以下采样频率中_____是目前音频卡所支持的。

    A. 20 kHz　　　　　　　　B. 22.05 kHz

    C. 100 kHz　　　　　　　　D. 50 kHz

14. 下列采集的波形声音质量最好的是_____。

    A. 单声道、8 位量化、22.05 kHz 采样频率

    B. 双声道、8 位量化、44.1 kHz 采样频率

    C. 单声道、16 位量化、22.05 kHz 采样频率

    D. 双声道、16 位量化、44.1 kHz 采样频率

15. 多媒体会议系统是一种典型的_____实时应用系统。

    A. 点对点　　　　　　　　B. 多点对多点

    C. 多点对点　　　　　　　　D. 点对多点

16. 多媒体数据具有_____特点。

    A. 数据量大和数据类型多

    B. 数据类型间区别大和数据类型少

    C. 数据量大、数据类型多、数据类型间区别小、输入和输出不复杂

    D. 数据量大、数据类型多、数据类型间区别大、输入和输出复杂

17. 在世界上首次采用计算机进行图像处理的公司是_____。

    A. IBM　　　　　　　　B. Microsoft

    C. Adobe　　　　　　　　D. Apple

18. 下列实体中不属于"媒体"的是_____。

    A. 软盘　　　　　　　　B. 光缆

    C. 磁带　　　　　　　　D. U 盘

19. 下列关于多媒体的定义，错误的是_____。

    A. 多媒体技术是一种计算机技术

    B. 电视技术也属于多媒体技术的范畴

    C. 多媒体技术可以用来建立人机之间的交互

    D. 多媒体技术面向对象进行综合处理，并建立逻辑关系

20. 关于计算机录音的说法，正确的是_____。

    A. 录音时采样频率越高，则录制的声音音量越大

    B. 录音时采样频率越高，则录制的声音音质越好

C. Windows 自带的"录音机"工具可以进行任意长度时间的录音

D. 音乐 CD 中存储的音乐文件可以直接拷贝到计算机中使用

21. DVD 数字光盘采用的视频压缩标准为＿＿＿＿＿＿＿。

A. MPEG-1　　　　　B. MPEG-2

C. MPEG-4　　　　　D. MPEG-7

22. 关于视频会议，以下说法正确的是＿＿＿＿＿＿＿。

A. 视频会议不使用流媒体技术　　　　B. 视频会议使用流媒体技术

C. 视频会议不使用数据压缩技术　　　　D. 视频会议就是利用电视开会

23. 用计算机制作一段动画，其中最关键的一步是动画生成，＿＿＿＿＿＿＿不是动画生成技术。

A. 变形动画　　　　B. 运动路径动画技术

C. 关键帧动画技术　　　D. 夸张动画技术

24. 不论多媒体作品开发的目的和内容有何不同，其开发的基本过程一般都要遵循以下几个阶段：(1) 编写使用手册；(2) 发布使用；(3) 修改调试；(4) 信息的规划与组织；(5)多媒体素材制作与集成。它们的先后次序是＿＿＿＿＿＿＿。

A. (4)(5)(3)(2)(1)　　　B. (1)(2)(3)(4)(5)

C. (2)(1)(4)(5)(3)　　　D. (5)(4)(1)(2)(3)

25. 下面说法不正确的是＿＿＿＿＿＿＿。

A. 电子出版物存储容量大，一张光盘可以存储几百本书

B. 电子出版物可以集成文本、图形、图像、动画、视频和音频等多媒体信息

C. 电子出版物不能长期保存

D. 电子出版物检索快

26. 缩小当前图像的画布大小后，图像分辨率会＿＿＿＿＿＿＿。

A. 降低　　　　B. 增高

C. 不变　　　　D. 不能进行这样的更改

27. 在网上浏览故宫博物院，如同身临其境一般感知其内部的方位和物品，这是＿＿技术在多媒体技术中的应用。

A. 视频压缩　　　　B. 虚拟现实

C. 智能化　　　　D. 图像压缩

28. 媒体有两种含义，即表示信息的载体和＿＿＿＿＿＿＿。

A. 表达信息的实体　　　　　　　B. 存储信息的实体

C. 传输信息的实体　　　　　　　D. 显示信息的实体

29. 以下叙述正确的是_____。

A. 解码后的数据与原始数据一致称不可逆编码法

B. 解码后的数据与原始数据不一致称有损压缩编码

C. 解码后的数据与原始数据不一致称可逆编码法

D. 解码后的数据与原始数据不一致称无损压缩法

30. 下列说法正确的是_____。

A. 预测编码是一种只能对空间冗余进行压缩的方法

B. 预测编码是根据模型进行的

C. 预测编码方法中是对预测值进行编码的

D. 预测编码方法只是应用在图像数据的压缩上

31. JPEG 是_____。

A. 音频压缩格式　　　　　　　　B. 运动图像编码压缩

C. 图像编码压缩　　　　　　　　D. 文字压缩格式

32. 下面关于数字视频质量、数据量、压缩比关系的论述，_____是不恰当的。

A. 数字视频质量越高，数据量越大

B. 随着压缩比增大，解压后数字视频的质量开始下降

C. 对同一文件，压缩比越大数据量越小

D. 数据量与压缩比是一对矛盾

33. 在 JPEG 中使用了_____两种熵编码方法。

A. 统计编码和算术编码　　　　　　　B. PCM 编码和 DPCM 编码

C. 预测编码和变换编码　　　　　　　D. 哈夫曼编码和自适应二进制算术编码

34. 一般认为，多媒体技术研究的兴起从_____开始。

A. 1972 年，Philips 展示播放电视节目的激光视盘

B. 1984 年，美国 Apple 公司推出 Macintosh 系列机

C. 1986 年，Philips 和 Sony 公司宣布发明了交互式光盘系统 CD-I

D. 1987 年，美国 RCA 公司展示了交互式数字影像系统 DVI

35. 以下关于流媒体说法正确的是_____。

A. 流媒体的数据就像流水一样，随时传送随时播放

B. 流媒体就是多媒体

C. 流媒体就是需要先下载、再播放的媒体

D. 因为是流媒体，所以不需要压缩信息

36. 媒体中的_____指的是为了传送感觉媒体而人为研究出来的媒体。

A. 感觉媒体　　　　　　B. 表示媒体

C. 显示媒体　　　　　　D. 存储媒体

37. 多媒体个人计算机的英文缩写是_____。

A. VCD　　　　　　　　B. APC

C. DVD　　　　　　　　D. MPC

38. _____技术大大地促进了多媒体技术在网络上的应用，解决了传统多媒体手段中由于数据传输量大而与现实网络传输环境发生的矛盾。

A. 人工智能　　　　　　B. 虚拟现实

C. 流媒体　　　　　　　D. 计算机动画

39. 在一幅图像中，区域 a 为一块表面光滑、颜色均匀的金属块，a 中所有的点的光强色彩以及饱和度都是相同的，那么区域 a 中的数据量存在着很大的_____。

A. 空间冗余　　　　　　B. 结构冗余

C. 视觉冗余　　　　　　D. 纹理的统计冗余

40. 所谓多媒体是将文字、图片、声音和计算机程序融合在一起而形成的信息传播媒体，因此信息量庞大。下列关键技术中，_____技术解决了数据量大的瓶颈。

A. 多媒体数据的综合处理

B. 多媒体数据的存储

C. 多媒体数据的播放

D. 多媒体数据压缩和解压缩

41. 图像序列中的两幅相邻图像，后一幅图像与前一幅之间有较大的相关，这是_____。

A. 空间冗余　　　　　　B. 时间冗余

C. 信息熵冗余　　　　　D. 视觉冗余

42. 静态图像的压缩要消除_____。

A. 空间冗余　　　　　　B. 时间冗余

C. 信息熵冗余　　　　　D. 知识冗余

43. 数据压缩分为无损压缩和有损压缩，对于图像、音频、视频等多媒体文件，通常采用_____。

　　A. winzip 进行压缩

　　B. inrar 进行压缩

　　C. 有损压缩的方法进行压缩

　　D. 压缩的方法进行压缩

44. _____是视频编码的国际标准。

　　A. JPEG　　　　　　　　B. MPEG

　　C. ADPCM　　　　　　　D. H. 261

45. 多媒体是指_____。

　　A. 表示和传播信息的载体

　　B. 各种信息的编码

　　C. 计算机输入输出的信息

　　D. 计算机屏幕显示的信息

46. 人们制作的动画和电影正是利用人眼的视觉暂留特性，如果动画或电影的画面刷新为每秒_____幅左右，则人眼看到的就是连续的画面。

　　A. 12　　　　　　　　　B. 24

　　C. 6　　　　　　　　　 D. 不确定

47. Flash 影片的基本构成为_____。

　　A. 场景　　　　　　　　B. 帧

　　C. 舞台　　　　　　　　D. 图层

48. _____是多媒体作品制作过程的最后步骤。

　　A. 规划设计　　　　　　B. 需求分析

　　C. 采集加工　　　　　　D. 作品集成

二、多选题

1. 多媒体计算机中的媒体信息是指_____。

　　A. 数字、文字　　　　　B. 声音、图形

　　C. 动画、视频　　　　　D. 图像

2. 多媒体技术的主要特性有_____。

A. 多样性   B. 集成性

C. 交互性   D. 可扩充性

3. 目前音频卡具备以下_____功能。

A. 录制和回放数字音频文件

B. 混音

C. 语音特征识别

D. 实时解 / 压缩数字音频文件

4. 在多媒体计算机中常用的图像输入设备是_____。

A. 数码照相机   B. 彩色扫描仪

C. 视频卡   D. 彩色摄像机

5. 视频卡的种类很多，主要包括_____。

A. 视频捕获卡   B. 电影卡

C. 电视卡   D. 视频转换卡

6. 下面硬件设备中，多媒体硬件系统应包括_____。

A. 计算机最基本的硬件设备

B. CD-ROM

C. 音频输入、输出和处理设备

D. 多媒体通信传输设备

7. 视频采集卡能支持多种视频源输入，下列_____是视频采集卡支持的视频源。

A. 放像机   B. 摄像机

C. 影碟机   D. CD-ROM

8. 要把一台普通的计算机变成多媒体计算机要解决的关键技术是_____。

A. 视频音频信号的获取

B. 多媒体数据压缩编码和解码技术

C. 视频音频数据的实时处理和特技

D. 视频音频数据的输出技术

9. 多媒体技术未来发展的方向是_____。

A. 高分辨率，提高显示质量

B. 高速度化，缩短处理时间

C. 简单化，便于操作

D. 智能化，提高信息识别能力

10. 下列_____媒体属于信息交换媒体。

A. 内存　　　　　　　　　　B. 硬盘

C. 网络　　　　　　　　　　D. 电子邮件系统

11. 在网络多媒体技术中，多媒体通信系统主要由_____部件组成。

A. 网关　　　　　　　　　　B. 路由器

C. 会务器　　　　　　　　　D. 通信终端

12. 人类利用仿真的方法认识世界和改造世界。经历了一个漫长的过程，这个过程人致可以分为三个阶段_____。

A. 直观模仿阶段　　　　　　B. 模拟实验阶段

C. 仿真模拟阶段　　　　　　D. 功能模拟阶段。

13. _____属于多媒体的范畴。

A. 交互式视频游戏　　　　　B. 有声图书

C. 彩色画报　　　　　　　　D. 彩色电视

14. 传输媒体包括_____。

A. 光纤　　　　　　　　　　B. 无线传输介质

C. 同轴电缆和双绞线　　　　D. 光盘

15. 多媒体技术的主要特性有_____。

A. 多样性　　　　　　　　　B. 集成性

C. 交互性　　　　　　　　　D. 实时性

16. 数字音频常用的编码是_____。

A. 混合编码　　　　　　　　B. 参数编码

C. 波形编码　　　　　　　　D. 模拟编码

17. 衡量数据压缩技术性能好坏的重要指标是_____。

A. 压缩比　　　　　　　　　B. 标准化

C. 恢复效果　　　　　　　　D. 压缩和解压缩的速度

18. 下列_____媒体属于感觉媒体。

A. 语言　　　　　　　　　　B. 图像

C. 语言编码　　　　　　　　D. 文本

19. 以下_____说法是正确的。

    A. 多媒体技术促进了通信、娱乐和计算机的融合

    B. 多媒体技术可用来制作 VCD 及影视音像

    C. 多媒体技术极大地改善了人机界面

    D. 多媒体技术是虚拟现实技术的基础

三、判断题

1. 音频大约在 20 kHz～20 MHz 的频率范围内。(　　)

2. 用来表示一个电压模拟值的二进数位越多，其分辨率也越高。(　　)

3. 对于位图来说，用一位位图时，每个像素可以有黑白两种颜色；而用二位位图时，每个像素则可以有三种颜色。(　　)

4. 声音质量与它的频率范围无关。(　　)

5. 多媒体技术中的关键技术是数据压缩技术。(　　)

6. 在计算机系统的音频数据存储和传输中，数据压缩会造成音频质量的下降。(　　)

7. 在数字视频信息获取与处理的过程中，正确的顺序是采样、D/A 变换、压缩、存储、解压缩和 A/D 变换。(　　)

8. 外界光线变化会影响红外触摸屏的精确度。(　　)

9. 多媒体数据的特点是数据量巨大、数据类型少、数据类型间区别大和输入输出复杂。(　　)

10. 在数字视频信息获取与处理的过程中，正确的顺序是采样、A/D 变换、压缩、存储、解压缩和 D/A 变换。(　　)

四、填空题

1. 多媒体中的媒体是指_____，如数字、文字等。

2. 多媒体计算机可以分为两类：一类是_____，另一类是_____。

3. 目前常用的压缩编码方法分为两类：_____和_____。

4. 在多媒体计算机中常用的图像输入设备有_____、_____、_____和_____。

5. 媒体在计算机领域有两种含义，即_____和_____。

6. 数字化主要包括_____和_____两个方面。

7. 颜色具有三个特征：_____、_____和_____。

8. 音频主要分为_____、语音和_____。

9. 目前多媒体存储介质主要有磁介质、_____和_____。

10. 彩色图像有_____和_____两种颜色模式。

11. 色料三原色是_____，光三原色是_____。

12. 电脑动画一共有两大类，分别是帧动画和_____。

13. 声音的三要素是_____、_____和_____。

14. 计算机中常见的声音格式有_____、_____、_____和_____。

15. 数据冗余一般有_____、_____、_____、_____、_____和_____。

16. 多媒体技术具有_____、_____、_____和高质量等特性。

五、简答题

1. 简述视频会议系统的组成以及各部分的主要功能。

2. 要把一台普通的计算机变成多媒体计算机需要解决哪些关键技术？

3. 简述多媒体计算机的关键技术及其主要应用领域。

4. 多媒体系统由哪几部分组成？

5. 写出四种常用的多媒体设备。

6. 为什么要压缩多媒体信息？

项目 7　计算前沿技术习题

简答题

1. 简述云计算、大数据、数据挖掘之间的关系。

2. 举例说明大数据的基本应用。

3. 什么是人工智能？试从学科和能力两方面加以说明。

4. 请根据你对区块链的理解，谈一谈你认为它最伟大的革新之处，并分析未来最有可能得到广泛应用的领域。

答　案

▌项目 1

一、单选题

1. C   2. A   3. B   4. A   5. B   6. B   7. A   8. B   9. A   10. D

11. C 12. A 13. D 14. C 15. D 16. D 17. A 18. B 19. C 20. D

21. A 22. D 23. D 24. C 25. B 26. A 27. A 28. D 29. C 30. B

31. B 32. C 33. A 34. A 35. D 36. C 37. A 38. A 39. B 40. B

二、多选题

1. AB   2. CD   3. ABD   4. BD   5. ABC

6. ABCD   7. ABC   8. ABCDE 9. ABCDE 10. ABCDE

11. ABCD 12. ABC   13. ABCD   14. AB   15. ABCD

三、判断题

1. √ 2. √ 3. √ 4. √ 5. × 6. √ 7. √

四、填空题

1. 定点数、浮点数

2. 定点小数、定点整数

3. 电子管数字机、晶体管数字机、集成电路数字机、大规模集成电路机

4. 静态随机存储器(SRAM)、动态随机存储器(DRAM)

5. 内存

6. 声卡

7. 应用软件包、用户程序

8. 8

9. 原码、反码、补码、真值

10. 2

五、简答题

1. 一般来说，操作系统由以下几个部分组成。

进程调度子系统：进程调度子系统决定哪个进程使用 CPU，对进程进行调度、管理。

进程间通信子系统：负责各个进程之间的通信。

内存管理子系统：负责管理计算机内存。

设备管理子系统：负责管理各种计算机外设，主要由设备驱动程序构成。

文件子系统：负责管理磁盘上的各种文件、目录。

网络子系统：负责处理各种与网络有关的业务。

2. 输入设备主要有键盘、鼠标、麦克风和摄像头等，输出设备主要有显示器、音箱和打印机等。

键盘是最常用也是最主要的输入设备，通过键盘可以将英文字母、数字和标点符号等输入到计算机中，从而向计算机发出命令和输入数据等。

鼠标是计算机的一种输入设备，分为有线和无线两种，也是计算机显示系统纵横坐标定位的指示器，因形似老鼠而得名"鼠标"。

麦克风是将声音信号转换为电信号的能量转换器件，由"Microphone"这个英文单词音译而来，也称话筒或微音器。

摄像头(Camera 或 Webcam)又称为电脑相机、电脑眼或电子眼等，是一种视频输入设备，被广泛运用于视频会议、远程医疗及实时监控等方面。普通人也可以彼此通过摄像头在网络上进行有影像、有声音的交谈和沟通。另外，人们还可以将其用于当前各种流行的数码影像和影音处理。

显示器属于电脑的输出设备，它是一种将一定的电子文件通过特定的传输设备显示到屏幕上再反射到人眼的显示工具。

音箱是整个音响系统的终端，其作用是把音频电能转换成相应的声能，并把它辐射到空间中去。它担负着把电信号转变成声信号供人的耳朵直接聆听的关键任务。

打印机(Printer)是计算机的输出设备之一，用于将计算机处理结果打印在相关介质上。

3. 随着科技的进步，各种计算机技术、网络技术的飞速发展，计算机的发展已经进入了一个快速而又崭新的时代。计算机已经从功能单一、体积较大发展到了功能复杂、体积微小、资源网络化等。计算机的未来充满了变数，性能的大幅度提高是不容置疑的，而实现性能的飞跃却有多种途径。不过性能的大幅提升并不是计算机发展的唯一路线，计算机的发展还应当包括越来越人性化，同时也要注重环保等。

计算机从出现至今，经历了机器语言、程序语言、简单操作系统和 Linux、Macos、BSD 和 Windows 等现代操作系统四代。运行速度也得到了极大的提升，第四代计算机的运算速度已经达到几十亿次每秒。计算机也由原来的仅供军事科研使用发展到人人拥有。计算机强大的应用功能，产生了巨大的市场需要，未来计算机性能应向着巨型化、微型化、网络化和智能化等方向发展。

4.　(1)　信息管理。信息管理是以数据库管理系统为基础，辅助管理者提高决策水平，改善运营策略的计算机技术。信息处理具体包括数据的采集、存储、加工、分类、排序、检索和发布等一系列工作。信息处理已成为当代计算机的主要任务。是现代化管理的基础。据统计，80% 以上的计算机主要应用于信息管理，成为计算机应用的主导方向。信息管理已广泛应用于办公自动化、企事业计算机辅助管理与决策、情报检索、图书馆、电影电视动画设计和会计电算化等各行各业。

(2)　过程控制。过程控制是利用计算机实时采集数据、分析数据，按最优值迅速地对控制对象进行自动调节或自动控制。采用计算机进行过程控制，不仅可以大大提高控制的自动化水平，而且可以提高控制的时效性和准确性，从而改善劳动条件、提高产量及合格率。因此，计算机过程控制已在机械、冶金、石油、化工和电力等部门得到广泛的应用。

(3)　辅助技术。计算机辅助技术包括计算机辅助设计(CAD)、计算机辅助制造(CAM)和计算机辅助教学(CAI)。计算机辅助设计是利用计算机系统辅助设计人员进行工程或产品设计，以实现最佳设计效果的一种技术。计算机辅助设计技术已应用于飞机设计、船舶设计、建筑设计、机械设计和大规模集成电路设计等。采用计算机辅助设计，可缩短设计时间，提高工作效率，节省人力、物力和财力，更重要的是能够提高设计质量。

(4)　多媒体应用。随着电子技术，特别是通信和计算机技术的发展，人们已经有能力把文本、音频、视频、动画、图形和图像等各种媒体综合起来，构成一种全新的概念——多媒体(Multimedia)。在医疗、教育、商业、银行、保险、行政管理、军事、工业、广播、交流和出版等领域中，多媒体的应用发展得很快。

(5)　计算机网络。计算机网络是由一些独立的、具备信息交换能力的计算机互联构成，以实现资源共享的系统。计算机在网络方面的应用使人类之间的交流跨越了时间和空间障碍。计算机网络已成为人类建立信息社会的物质基础，它给我们的工作带来极大的便捷，如在全国范围内的银行信用卡的使用、火车和飞机票系统的使用等。可以在全球最大的互联网络——Internet 上进行浏览、检索信息、收发电子邮件、阅读书报、玩网络游戏、选购商品、参与众多问题的讨论和实现远程医疗服务等。

项目2

一、单选题

1. B　2. C　3. D　4. A　5. A　6. D　7. C　8. C　9. D　10. C

11. C、D　12. C　13. A　14. C　15. C　16. B　17. A　18. B　19. A

20. B　21. A　22. C　23. D　24. D　25. C　26. D　27. B　28. A　29. A

30. B　31. B　32. B　33. D　34. B　35. B　36. B　37. A　38. A　39. D

40. C　41. C　42. D　43. C　44. B　45. B　46. D　47. C　48. A　49. D

50. C　51. B　52. C　53. C　54. D　55. C　56. D　57. C　58. D　59. D

60. A　61. C　62. A　63. C　64. B　65. B　66. A　67. C　68. C　69. C

70. B　71. B　72. B　73. D　74. B

二、多选题

1. ABC　2. AD　3. ABC　4. ABC　5. CD

三、判断题

1. √　2. √　3. √　4. √　5. ×　6. √　7. √　8. √　9. √　10. ×

11. ×　12. ×　13. √　14. √　15. √　16. √　17. √　18. ×　19. √　20. ×

21. ×　22. √　23. ×　24. ×　25. √　26. √　27. √　28. √　29. √　30. ×

31. √　32. ×　33. √　34. √　35. √　36. √　37. √　38. √　39. √　40. √

41. √　42. √　43. √　44. √　45. √　46. ×　47. √　48. √　49. √　50. ×

四、填空题

1. 大纲

2. 段落

3. <Ctrl + S>

4. 属性

5. <Ctrl + V>

6. <Esc>

7. 符号

8. 黑色 0. 5 磅实线

9. 下划线

10. "格式"工具栏

11. <Ctrl + P>

12. 两端对齐、左对齐、右对齐、居中

13. 项目符号与编号

14. <Ctrl>

15. 插入表格，表格

16. 右键

17. <Enter>、格式

18. 大纲

19. 视图、标尺

20. 工具、字数统计

项目3

一、单选题

1. A   2. B   3. B   4. B   5. C   6. D   7. B   8. B   9. D   10. C

11. B   12. A   13. D   14. A   15. D   16. B   17. B   18. C   19. A   20. B

21. B   22. A   23. A   24. D   25. D   26. C   27. D   28. B   29. A   30. B

31. C   32. A   33. B   34. B   35. C   36. D   37. D   38. B   39. B   40. C

41. C   42. A   43. C   44. B   45. B   46. A   47. B   48. A   49. B   50. C

51. C   52. D   53. B   54. C   55. B   56. C   57. D   58. C   59. D   60. C

61. D   62. D   63. D   64. C   65. B   66. B   67. C   68. C   69. D   70. C

71. D   72. D   73. D   74. D   75. D   76. B   77. D   78. A   79. A   80. B

81. B   82. C   83. D   84. D   85. A   86. B   87. A   88. A   89. A   90. C

91. C   92. B   93. A   94. B

二、多选题

1. ACD   2. ABCD   3. ABCD   4. AD   5. ABC

6. ABCD   7. ABCD   8. BCD   9. ABC   10. ABC

三、判断题

1. ×   2. √   3. √   4. ×   5. √   6. √   7. √   8. ×   9. √   10. √

11. √   12. √   13. ×   14. √   15. √   16. ×   17. ×   18. √   19. √   20. ×

21. ×   22. ×   23. √   24. √   25. √

四、填空题

1. 8

2. 2

3. 255

4. <Alt + F4>

5. 字体颜色

6. 混合引用、相对引用

7. 左

8. ""''"

9. MIN(A1:A5)

10. 编辑栏

项目4

一、单选题

1. D　2. B　3. B　4. A　5. D　6. D　7. C　8. B　9. C　10. A

11. B　12. D　13. B　14. B　15. D　16. A　17. A　18. B　19. D　20. B

21. D　22. B　23. B　24. B　25. A　26. C　27. B　28. C　29. D　30. C

31. B　32. A　33. A　34. D　35. D　36. B　37. D　38. A　39. B　40. B

41. C　42. C　43. C　44. D　45. A　46. A　47. B　48. C　49. A　50. A

51. B　52. A　53. D　54. D　55. B　56. C　57. A　58. B　59. C　60. B

61. D　62. D　63. C　64. A　65. D　66. B　67. D　68. D　69. D　70. D

71. B　72. B　73. C　74. C　75. A　76. C　77. C　78. A　79. B　80. C

81. B　82. D　83. A　84. D　85. A　86. B　87. A　88. C　89. C　90. C

二、多选题

1. AC　2. AD　3. AC　4. AD　5. BCD　6. AB　7. ABCD

8. ACD　9. AC　10. CD　11. AD　12. ABC　13. ABC

三、填空题

1. 设计模板

2. 动作设置

3. 大纲

4. 文本框

5. <Esc>

6. "设计"

7. 复制幻灯片

8. 观众讲义

9. 大纲

10. 2

11. 为了展示给别人看

12. 图表、图表

13. "插入"

14. "声音"

15. 表格

16. 阅读视图

17. <Alt + F4>

18. 演示文稿、PPT

19. 新演示文稿、设计模板、内容提示向导、.pot

20. 动画效果、普通、动画方案

21. 演讲者放映、观众自行浏览、在展台浏览

22. 大纲窗口、备注窗口、幻灯片窗口

23. 属性、状态

24. 内容提示向导、设计模板、空演示文稿

25. 投影仪、计算机

26. 超级链接

项目5

一、单选题

1. B　2. B　3. D　4. D　5. A　6. C　7. A　8. A　9. B　10. A

11. B　12. B　13. B　14. D　15. C　16. C　17. A　18. B　19. A　20. D

21. D　22. C　23. D　24. B　25. C　26. B　27. D　28. B　29. A　30. A

31. C　32. A　33. A　34. A　35. A　36. C　37. D　38. D　39. C　40. A

41. C　42. A　43. B　44. C　45. B　46. A　47. A　48. D　49. B　50. C

二、多选题

1. ABCDE　2. ABC　3. ABE　4. ACE　5. DE　6. AB　7. ABC　8. ACE

9. BD　　10. ABCD　　11. ACD　　12. BCD　　13. ABCD　　14. ABCD　　15. ACD

16. ABC　　17. ABC　　18. ACD　　19. ACD　　20. ABC　　21. ABD　　22. ABC

23. BCD　　24. ABC　　25. ABC　　26. ABCD　　27. ABCD　　28. ACD

三、判断题

1. ×　2. √　3. √　4. √　5. ×　6. √　7. √　8. ×　9. √　10. √

11. √　12. ×　13. ×　14. ×　15. ×　16. √　17. √　18. ×　19. ×　20. √

21. √　22. ×　23. √　24. ×　25. ×　26. √　27. √

四、填空题

1. 系统软件、应用软件

2. 用户、程序

3. 命令界面、图形界面

4. 绝对号

5. I/O 操作

6. CPU 管理、存储管理、设备管理、文件系统、用户接口

7. 拥有资源

8. 硬件

9. 设备管理部分

10. 存储型设备、输入输出型设备

11. 存储型设备

12. 输入输出型设备

13. 输入输出操作

14. 块、字符

15. 资源管理、虚拟内存、进程管理、程序控制、人机交互

16. 内存管理、处理器管理、设备管理、信息管理

17. 虚拟内存

18. 控制面板

19. 通信、计算机

20. 节点、线路

21. 星型、环型

22. 单模光纤、多模光纤

23. 局域网、城域网、广域网

24. 双绞线、同轴电缆、光纤

25. LAN、MAN、WAN

26. 屏蔽双绞线、非屏蔽双绞线

27. 软件资源共享、数据共享

28. 媒体访问控制、拓扑结构、传输介质

29. 网络连接功能、路由选择功能、设备管理功能

30. 资源共享

31. 32、128

32. 广播网络、点-点网络

33. 有线网(Wired Network)、无线网(Wireless Network)

34. 语法、语义、同步

35. 全面感知、可靠传递、智能处理

36. 感知层、网络层、内容应用层

五、简答题

1. 操作系统是计算机系统中的一个系统软件，它是这样一些程序模块的集合——能有效地组织和管理计算机系统中的硬件及软件资源，合理地组织计算机工作流程，控制程序的执行，并向用户提供各种服务功能，使得用户能够灵活、方便、有效地使用计算机，并使整个计算机系统能高效地运行。

2. 虚拟存储器是一种存储管理技术，它是由操作系统提供的一个假想的特大存储器。但是虚拟存储器的容量并不是无限的，它由计算机的地址结构长度所决定，另外虚存容量的扩大是以牺牲 CPU 工作时间以及内、外存交换时间为代价的。

3. 操作系统为用户提供两种类型的使用接口：用户接口和程序接口。其中用户接口又可分为联机用户接口和脱机用户接口，联机用户接口中有字符显示界面和图形界面两种，通过这两种界面普通用户可以和 OS 之间完成交互。而程序接口是应用程序取得 OS 服务的唯一途径。

4. 计算机系统的资源包括两大类：硬件资源和软件资源。硬件资源主要有中央处理器、主存储器、辅助存储器和各种输入输出设备。软件资源有编译程序和编辑程序等各种程序以及有关数据。

5. 操作系统通过虚拟及其界面给用户程序提供各种服务，用户程序在运行过程中

不断使用操作系统提供的服务来完成自己的任务。如用户程序在运行过程中需要读写磁盘，这时就要调用操作系统的服务来完成磁盘读写操作。

另一方面，用户程序不可能先于操作系统启动，因此每次启动一个用户程序，都相当于操作系统将控制转移给用户程序；而在用户程序执行完毕后，又将控制还回给操作系统。从这个角度看，操作系统是主程序，用户程序是子程序，操作系统在其生命周期内不断地调用各种应用程序。

因此操作系统和各种应用程序可以看作是互相调用，从而形成一个非常复杂的动态关系。

6.（1）Microsoft Windows 操作系统。Microsoft Windows 是微软公司制作和研发的一套桌面操作系统，采用了图形化模式 GUI，比从前的 DOS 需要键入指令的使用方式更为人性化。随着计算机硬件和软件的不断升级，微软的 Windows 也在不断升级，从架构的 16 位、32 位再到 64 位，系统版本从最初的 Windows 1.0 到大家熟知的 Windows 95、Windows 98、Windows2000、Windows XP、Windows Vista、Windows 7、Windows 8，Windows 8.1、Windows10 和 Server 服务器企业级操作系统。

（2）Mac OS 操作系统。Mac 操作系统是苹果机专用系统，是基于 UNIX 内核的图形化操作系统，由苹果公司自行开发。苹果机的操作系统已经到了 OS 10，代号为 Mac OS X(X 为 10 的罗马数字写法)，这是 Mac 电脑诞生 15 年来最大的变化。新系统非常可靠，它的许多特点和服务都体现了苹果公司的理念。Mac OS X 操作系统界面非常独特，突出了形象的图标和人机对话。

（3）VxWorks 操作系统。VxWorks 操作系统是美国 Wind River 公司于 1983 年设计开发的一种嵌入式实时操作系统(RTOS)，是嵌入式开发环境的关键组成部分。具有良好的持续发展能力、高性能的内核以及友好的用户开发环境，在嵌入式实时操作系统领域占据一席之地。它以其良好的可靠性和卓越的实时性被广泛地应用在通信、军事、航空、航天等高精尖技术及实时性要求极高的领域中，如卫星通信、军事演习、弹道制导和飞机导航等。

（4）Linux 操作系统。Linux 是一套免费使用和自由传播的类 UNIX 操作系统，是一个基于 POSIX 和 UNIX 的多用户、多任务、支持多线程和多 CPU 的操作系统。它能运行主要的 UNIX 工具软件、应用程序和网络协议。它支持 32 位和 64 位硬件。Linux 继承了 UNIX 以网络为核心的设计思想，是一个性能稳定的多用户网络操作系统。

（5）Ubuntu 操作系统。Ubuntu(乌班图)是一个以桌面应用为主的 Linux 操作系统，其名称来自非洲南部祖鲁语或豪萨语的"ubuntu"一词，意思是"人性""我的存在是因为大家的存在"，是非洲一种传统的价值观，类似华人社会的"仁爱"思想。2013年1月3日，Ubuntu 正式发布面向智能手机的移动操作系统。

7. 单机系统：在单处理机联机网络中，由单用户独占一个系统发展到分时多用户系统。多机系统：将多个单处理机联机终端网络互相连接起来，以多处理机为中心，并利用通信线路将多台主机连接起来。随着分组交换技术的使用，逐渐形成了遵守网络体系结构的第三代网络。Internet 是计算机网络发展最典型的实例。

8. 利用通信设备和线路，将分布在不同地理位置的、功能独立的多个计算机系统连接起来，以功能完善的网络软件(网络通信协议及网络操作系统等)实现网络中资源共享和信息传递的系统。

9. 主要功能：

(1) 数据交换和通信。

(2) 资源共享。

(3) 提高系统的可靠性。

(4) 分布式网络处理和负载均衡。

10. 从计算机网络系统组成的角度看，典型的计算机网络分为资源子网和通信子网。资源子网由主机、终端、终端控制器、连网外设、各种软件资源与信息资源组成。通信子网的设备有网卡、交换机、路由器和网桥等。

11. (1) 星型拓扑网络。

(2) 树型拓扑网络。

(3) 总线型拓扑网络。

(4) 环型拓扑网络。

(5) 网状拓扑网络。

12. 完成计算机间的通信合作，把每台计算机互联的功能划分成有明确定义的层次，并规定了同层次进程通信的协议及相邻层之间的接口及服务，将这些同层进程通信的协议以及相邻层的接口统称为网络体系结构。

13. TCP/IP 共有 4 个层次。

(1) 网络接口层包括了能使用 TCP/IP 与物理网络进行通信的协议。

(2) 网际层的主要功能是处理来自传输层的分组，将分组形成数据包(IP 数据包)，并为该数据包进行路径选择，最终将数据包从源主机发送到目的主机。

(3) 传输层负责主机到主机之间的端对端通信。

(4) 应用层用于提供网络服务，比如文件传输、远程登录、域名服务和简单网络管理等。

14. 特点：

(1) 节点暂时存储的是一个个分组，而不是整个数据文件。

(2) 分组暂时保存在节点的内存中，保证了较高的交换速率。

(3) 动态分配信道，极大地提高了通信线路的利用率。

缺点：

(1) 分组在节点转发时因排队而造成一定的延时。

(2) 分组必须携带一些控制信息而产生额外开销，管理控制比较困难。

15. 国际标准化组织(ISO)在 1978 年提出了"开放系统互连参考模型"，即著名的 OSI/RM 模型。它将计算机网络体系结构的通信协议划分为七层，自下而上依次为：物理层、数据链路层、网络层、传输层、会话层、表示层、应用层。

物理层：以"0""1"代表电压的高低、灯光的闪灭，界定连接器和网线的规格。

数据链路层：互联设备之间传送和识别数据帧。

网络层：地址管理与路由选择。

传输层：起到可靠传输的作用，只在通信双方的节点上进行传输，而无须在路由器上进行处理。

会话层：负责建立与断开通信连接(数据流动的逻辑通路)，以及数据的分割等数据传输相关的管理。

表示层：将应用程序处理的信息转化为适合网络传输的格式，或将来自下一层的数据转化为上层应用程序能够处理的数据。

应用层：为应用程序提供服务，并规定应用程序中通信的相关细节。包括电子邮件，文件传输，远程登录和 HTTP 等协议。

16. 互联网、因特网、万维网三者的关系是：互联网包含因特网，因特网包含万维网，凡是能彼此通信的设备组成的网络就叫互联网。所以，即使仅有两台机器，不论用何种技术使其彼此通信，也叫互联网。因特网是互联网的一种。因特网可不是仅有两台机器组成的互联网，它是由上千万台设备组成的互联网。因特网使用 TCP/IP 协议让不同的设备可以彼此通信。但使用 TCP/IP 协议的网络并不一定是因特网，一个局域网也可以使用 TCP/IP 协议。用户判断自己是否接入的是因特网，首先是看自己计算机是否安装了 TCP/IP 协议，其次看是否拥有一个公网地址(所谓公网地址，就是所有私网地址以外的地址)。

因特网是基于 TCP/IP 协议实现的，TCP/IP 协议由很多协议组成，不同类型的协议又被放在不同的层，其中，位于应用层的协议就有很多，比如 FTP、SMTP、HTTP。只要应用层使用的是 HTTP 协议，就称为万维网(World Wide Web)。之所以在浏览器里输入百度网址时，能看见百度网提供的网页，就是因为个人浏览器和百度网的服务器之间是使用 HTTP 协议在交流。

17. 物联网的定义是：通过射频识别(RFID)、红外感应器、全球定位系统和激光扫描器等信息传感设备，按约定的协议，把任何物品与互联网连接起来，进行信息交换和通信，以实现智能化识别、定位、跟踪、监控和管理的一种网络。物联网的概念是在 1999 年提出的，物联网就是"物物相连的互联网"，这有两层意思：第一，物联网的核心和基础仍然是互联网，是在互联网基础上的延伸和扩展的网络；第二，其用户端延伸和扩展到了任何物品与物品之间进行信息交换和通信。

18. 在业界，物联网大致被公认为有三个层次，底层是用来感知数据的感知层，第二层是数据传输的网络层，最上面则是内容应用层。

(1) 感知层。

感知层包括传感器等数据采集设备，包括数据接入到网关之前的传感器网络。对于目前关注和应用较多的 RFID 网络来说，张贴安装在设备上的 RFID 标签和用来识别 RFID 信息的扫描仪、感应器属于物联网的感知层。在这一类物联网中被检测的信息是 RFID 标签内容、高速公路不停车收费系统、超市仓储管理系统等都是基于这一类结构的物联网。感知层是物联网发展和应用的基础，RFID 技术、传感和控制技术和短距离无线通信技术是感知层涉及的主要技术。其中又包括芯片研发，通信协议研究，RFID 材料和智能节点供电等细分技术。通信协议的研究机构主要有伯克利大学等，西安优势微电子的"唐芯一号"是国内自主研发的首片短距离物联网通信芯片，Perpetuum 公司针对无线节点的自主供电已经研发出通过采集振动能供电的产品，而 Powermat 公司也推出了一种无线充电平台。

(2) 网络层。

物联网的网络层将建立在现有的移动通信网和互联网基础上。物联网通过各种接入设备与移动通信网和互联网相连，如手机付费系统中由刷卡设备将内置手机的 RFID 信息采集上传到互联网，网络层完成后台鉴权认证并从银行网络划账。网络层也包括信息存储查询，网络管理等功能。网络层中的感知数据管理与处理技术是实现以数据为中心的物联网的核心技术。感知数据管理与处理技术包括传感网数据的存储、查询、分析、挖掘、理解以及基于感知数据决策和行为的理论和技术。云计算平台作为海量感知数据的存储和分析平台，将是物联网网络层的重要组成部分，也是应用层众多应用的基础。

(3) 应用层。

物联网应用层利用经过分析处理的感知数据，为用户提供丰富的特定服务。物联网的应用可分为监控型(物流监控、污染监控)、查询型(智能检索、远程抄表)、控制型(智能交通、智能家居、路灯控制)、扫描型(手机钱包、高速公路不停车收费)等。应用层是物联网发展的目的，软件开发、智能控制技术将会为用户提供丰富多彩的物联网应用。各种行业和家庭应用的开发将会推动物联网的普及，也给整个物联网产业链带来利润。

19. 防火墙技术，最初是针对互联网络不安全因素所采取的一种保护措施。顾名思义，防火墙就是用来阻挡外部不安全因素影响的内部网络屏障，其目的就是防止外部网络用户未经授权的访问。它是一种计算机硬件和软件的结合，使网络与网络之间建立起一个安全网关(Security gateway)，从而保护内部网免受非法用户的侵入，防火墙主要由服务访问政策、验证工具、包过滤和应用网关四个部分组成，防火墙就是一个位于计算机和它所连接的网络之间的软件或硬件(其中硬件防火墙用的很少，只有国防部等地才用，因为它价格昂贵)，该计算机流入流出的所有网络通信均要经过此防火墙。

项目 6

一、单元题

1. C	2. C	3. C	4. C	5. A	6. C	7. D	8. D	9. B	10. B
11. C	12. C	13. B	14. D	15. D	16. D	17. D	18. D	19. B	20. B
21. B	22. B	23. D	24. A	25. C	26. C	27. B	28. B	29. B	30. B
31. C	32. D	33. D	34. B	35. A	36. B	37. D	38. C	39. A	40. D
41. B	42. A	43. C	44. B	45. A	46. B	47. B	48. D		

二、多选题

1. ABCD　　2. ABC　　3. ABD　　4. ABCD　　5. ABC　　6. ABC　　7. ABC

8. ABCD　　9. ABCD　　10. CD　　11. BCD　　12. ABC　　13. AB　　14. ABC

15. ABCD　　16. ABC　　17. ACD　　18. ABD　　19. ABCD

三、判断题

1. ×　2. √　3. ×　4. ×　5. √　6. ×　7. ×　8. √　9. ×　10. √

四、填空题

1. 信息的载体

2. 电视计算机、计算机电视

3. 无损压缩法、有损压缩法

4. 数码照相机、彩色扫描仪、视频信号数字化仪、彩色摄像机

5. 媒质、媒介

6. 采样、量化

7. 色调、亮度、饱和度

8. 波形文件、音乐

9. 光介质、半导体介质

10. RGB、CMYK

11. RYB、RGB

12. 矢量动画

13. 音色、音调、音强

14. MP3、WAV、MID、SND

15. 空间冗余，时间冗余，结构冗余，视觉冗余，知识冗余，听觉冗余

16. 集成性、实时性、交互性

五、简答题

1. 视频会议系统主要由以下几部分组成。

(1) 视频会议终端，主要功能是：完成视频音频信号的采集、编辑处理及输出，视频音频数字信号的压缩编码和解码，最后将符合国际标准的压缩码流经线路接口送到信道，或从信道上将标准压缩码流经线路接口送到终端。

(2) 多端控制单元(MCU)，主要功能是：对视频、语音及数据信号进行切换，例如它把传送到 MCU 某会场发言者的图像信号切换到所有会场。

(3) 信道(网络)，主要功能是：保证视频音频数据压缩码流在信道上安全传输到视频会议系统的终端。

（4）控制管理软件，主要是视频会议系统的标准，其中最著名的标准是 H.320 系列和 T.120 系列建议。H 系列的建议和标准是专门针对交互式电视会议业务而制定的，而 T 系列是针对其他媒体的管理功能做出规定，两种协议的结合将使多媒体会议系统的通信有更完善的依据。H.320 系列标准包括了视频、音视的压缩和解压缩，静止图像，多点会议，加密及一些改进的特性。T.120 是国际电信联盟通信标准部开发的系列国际标准，此标准是为多媒体会议系统中发送数据而制定的。

2. 把一台普通的计算机变成多媒体计算机需要解决下列关键技术。

（1）视频音频信号的获取技术。

（2）多媒体数据压缩编码和解码技术。

（3）视频音频数据的实时处理和特技。

（4）视频音频数据的输出技术。

3.（1）多媒体计算机的关键技术是：

① 视频音频信号获取技术。

② 多媒体数据压缩编码和解码技术。

③ 视频音频数据的实时处理和特技。

④ 视频音频数据的输出技术。

多媒体技术促进了通信、娱乐和计算机的融合。

（2）多媒体计算机的主要应用领域有三个方面。

① 多媒体技术是解决常规电视数字化及实现高清晰度电视(HDTV)切实可行的方案。采用多媒体计算机技术制造 HDTV，可支持任意分辨率的输出，输入输出分辨率可以独立，输出分辨率可以任意变化，可以用任意窗口尺寸输出。与此同时，它还赋予 HDTV 很多新的功能，如图形功能、视频音频特技以及交互功能。多媒体计算机技术在常规电视和高清晰度电视的影视节目制作中的应用可分成为两个层次：一是影视画面的制作，采用计算机软件生成二维、三维动画画面，摄像机在拍摄真实的影视画面后采用数字图像处理技术制作影视特技画面。另一个层次是影视后期制作，如现在常用的数字式非线性编辑器，实质上是一台多媒体计算机，它需要有广播级质量的视频音频的获取和输出、压缩解压缩、实时处理和特技以及编辑功能。

② 用多媒体技术制作 VCD 及影视音响卡拉 OK 机。多媒体数据压缩和解压缩技术是多媒体计算机系统中的关键技术，VCD 就是利用 MPEG-I 的音频编码技术将多媒体信息压缩到原来容量的六分之一。

③ 采用多媒体技术创造 PIC(个人信息通信中心)，即采用多媒体技术使一台个人计算机具有录音电话机、可视电话机、图文传真机、立体声音响设备、电视机和录像机等多种功能，即完成通信、娱乐和计算机的功能。如果计算机再配备丰富的软件连接上网，还可以完成许多功能，进一步提高用户的工作效率。

4. 多媒体系统由以下几部分组成：计算机硬件、多媒体计算机所配置的硬件、多媒体 I/O 控制及接口、多媒体核心系统、创作系统和应用系统。

5. 扫描仪、数码照相机、触摸屏、条形卡、IC 卡等。

6. 数字化后的视频和音频等多媒体信息数据量巨大不利于存储和传输，所以要以压缩的方式存储和传输数字化的多媒体信息。

项目 7

略。